Wool work

斉藤謠子の手作羊毛織品拼布課

讓生活多彩多姿的手提包・小物袋・裝飾掛毯

自從對拼布有興趣開始，我在布襯四周能看見的，就是鉤針編結類的墊布。雖然羊毛也是一種手作素材，但其實之前，我腦子裡能想到的就只有棉質布料，心中忍不住揣想：「只是運用羊毛，也能作出這麼棒的作品嗎？」這感覺實在新鮮極了。如果這麼思考，現在算是善用棉質碎布的時代，羊毛也絕對會是重要的手作素材。於是，我運用羊毛作成鉤針編結，將其融入日常生活，更開始收集了許多已經不穿的外套、尺寸不合的裙子。

　　另外，從三、四年前開始，我在美國也時常看見羊毛製成的拼布作品。由於羊毛的質地厚實，每一片拼縫的碎布都必須大一些，不似貼布縫使用的碎布，則是剪下後就直接使用，如此完成的拼布作品，總是有一股無法形容、令人沉著放鬆的溫暖況味。我想，即使是不擅於貼布縫技巧的手作人，也能輕易挑戰羊毛織品！請充分享受羊毛素材帶來的樂趣，讓我們一起體會玩拼布的喜悅吧！

斉藤謠子

Contents

在羊毛布圈上進行刺繡，再作成長帶狀，逐一編織成籃子，
就成了一款不易變形、堅固耐用的羊毛編織手提籃囉！

·····> page 54

包包前袋上進行貼布縫，是一款半月形的可愛包包。
後方則只有一層布面，充分展現手作包的俐落感。
⋯⋯➜ page 56

貼布縫

製作羊毛拼布作品時,與其接合細小的串珠,不如運用貼布縫來裝飾,視覺效果更棒喔!在此就為您介紹貼布縫的基本作法。

1 本書中使用的縫線,包含25號繡線(取2股捻合)及5號繡線(取1股)兩種。想要表現細緻的感覺,就使用25號繡線;如果想要加強重點,該部分則以5號繡線為主。

2 縫製羊毛類作品時,貼布縫布料不需留縫份,直接裁剪即可。如此剪下的布邊難免多少有些綻線,但無毋須太在意,這樣反而別有風味呢!將貼布縫組裝在表布上時,全都以毛毯繡處理。

3 取2股25號繡線捻合,由左至右(順時鐘方向)進行毛毯繡,縫製整圈布片。

4 周邊的毛毯繡縫製完成,如圖所示。

6

5 縫製第二片布片時，也運用毛毯繡技巧，將其固定在第一片布片上，再以5號繡線進行直線縫，加以裝飾。

6 完成星形裝飾，如圖所示。

7 最後再將一片貼布縫的布片覆蓋上去，以相同方法進行毛毯繡。

8 像這樣不只是以一片布，而是將許多布片重疊在一起作成的貼布縫，不僅創造出立體感，也讓整個圖案變得更可愛。進行毛毯繡時，請盡量細緻地處理喔！

5

8

7

此款小物袋雖然袋形平坦，但附有兩個口袋，
是很方便使用的設計。
此外，袋子正面還有一片深色的建築剪影圖樣，
是運用充滿手感的毛毯繡作成，
看起來非常時髦呢！
······⟩ **page 57**

Pouch

3

實用長方形迷你小物袋

使用直紋束口袋來整理袋中小物，最方便不過了！
製作時，請選用多種同色系的繡線，
在不同布料的接縫處上，
進行各式各樣的手縫裝飾吧！
┈┈┈> **page 58**

四角形的波士頓包擁有超大容量，可以收納許多小東西，實用性一級棒！
製作時先接合深色系的布料，再以顏色較淺的線於接縫處進行刺繡，
可以充分強調出精緻、亮眼的感覺喔！
⋯⋯> **page 60**

5

袋蓋部分由許多小小的四方形組合，袋身則是市松圖案（由兩種顏色交互配置的格子圖案）縫製而成，
看起來別緻又時尚！

⋯⋯⋯> page 62

Bag

6

仿磁磚鋪面外出包

14

超可愛的混合拼縫迷你包，是由各式各樣的不規則羊毛布料拼縫而成，
提把部分則是選用皮革材質，每邊各由兩條組裝而成唷！
⋯⋯> page 64

裝飾掛毯上有好多小狗狗！這款掛毯集合了小型德國剛毛獵犬奈勒斯的各種表情與姿態，
周圍的流蘇邊飾，則運用毛毯繡技巧處理，看起來可愛極了！
·······➤ page 66

這款羊毛圍巾及小物袋的組合，是以雪花結晶為主題進行羊毛氈貼布縫，
只要運用貼布縫這樣輕鬆好玩的作法，就能創造出圍巾柔軟又舒適的質感唷！
······> page 68

⚘ 羊毛氈貼布縫

這裡要介紹羊毛氈貼布縫的製作方法，正反兩面各有不同的風情喔！運用普通的貼布縫或刺繡技巧，一起嘗試看看吧！

1 羊毛氈貼布縫所需工具包括了羊毛或不織布的底布、貼布縫圖案布、羊毛氈專用戳針及羊毛氈專用毛刷墊。

2 將底布背面朝上，放置在毛刷墊上，再將底布覆蓋上去。

3 運用羊毛氈專用戳針，不斷地戳刺貼布縫圖案布，讓圖案布的纖維氈化在一起，延伸到底布的另一面，浮現出貼布縫的圖案。

4 如此一來，輕薄鬆軟、有如暈染效果的貼布縫就完成了。

5 底布背面的貼布縫羊毛氈完成，如圖所示。由於圖案布的纖維已經和底布氈化，所以不會脫落。每一次戴圍巾出門時，你都可以依照自己的喜好，決定要得哪一面當成正面唷！

將貼布縫圖案布墊在背面,再戳刺成圖案,這樣的圍巾真是簡單又可愛呢!
┈┈┈ page **70**

何不試著在袖口處作一些醒目的手作裝飾呢？
只要在不織布上組裝幾顆鈕釦、串珠或貼布縫，就是一個超可愛的手環囉！
┈┈⟩ page 71

拼布手提包的前側組裝了口袋，側邊還有一對裝飾垂片，創造出輕鬆休閒的印象。

⤳ page 72

好可愛的狗貓小物袋！後方的拉鍊方便拿取或放入袋中小物，
無論是收藏小東西，或當作錢包使用，都非常適合喔！
┈┈┈> **page 74**

17
18

可愛造型的迷你小物袋

包包表側的貼布縫，使用許多隨意剪下的羊毛布料組裝而成，創造出輕巧的手感。
而底部大量的抓縐處理，也給人十分優雅的印象。
·····▷ **page 76**

19

27

這是一款由貼布縫三角布片組裝而成的茶壺保溫套，羊毛材質的保溫功能絕對一極棒。
保溫套的底邊以斜紋布條包裹固定，即使是隨意剪下的布片，也不會綻邊喔！
┈┈┈┈➢ page 78

鉤針編結作成的布墊擁有厚實的質感，最適合作為踏墊使用。
先將羊毛布料裁剪成帶狀，作為布邊接合部分，再將所有布料仿
照磁磚圖案組裝拼合，就是一款別緻的玄關踏墊囉！

⋯⋯▷ page 79

關於鉤針編結

「鉤針編結」是先將剪成帶狀的羊毛布料，再使用鉤針將其編結在底布上，讓羊毛布料覆蓋整片底布的一種方法。在此我們將介紹只運用鉤針編結技巧完成的作品，以及運用鉤針編結技巧組合作成的墊布。

1 鉤針編結所需工具：裁剪成 **0.7cm** × **30cm** 的帶狀羊毛布料、鉤針編結專用帆布（**1cm 有 6 格**的規格）、鉤針、繡框。

2 考慮將要進行鉤針編結的範圍，以簽字筆在底布上作出記號。如果想要畫圖或作其他圖樣，也同樣描出記號。在距記號外圍約 **2cm** 處，以縫紉機車縫，避免綻邊。

3 以繡框將帆布框好、固定起來。如果成品是方形，可以從周邊開始編結，如果是圖案，則必須從中心點開始往外編結。作法：以左手的食指、大姆指夾住羊毛帶，置於帆布下方，再以鉤針穿入帆布洞口，將羊毛帶鉤取上來。

4 一開始編結的起點，並不是作成環狀，而是在帆布表面留下 **2cm** 左右的羊毛帶。接著，鉤針再穿入下一個洞口，以相同方法將羊毛帶鉤取上來，作成一個高度約 **0.5cm** 至 **0.7cm** 的小環。

5 重覆 4 的作法持續編結，盡量讓小環的高度保持一致，看起來才會漂亮。編到一半時，如果羊毛帶用完了，就改用新的帶子，從原本的洞口穿入再鉤出，如此重覆進行。

6 全部編結完成，如圖所示。如果成品是四方形的，就先在四周編結一圈，再逐列編結其他部分，使羊毛帶覆蓋整個區塊。

7 如有羊毛帶的長度超過小環的高度，便修剪成一致的高度。

8 成品背面，如圖所示。利用輕輕扭轉過的毛巾，將帆布上下包起，再以熨斗熨燙。當水蒸氣滲出，同時以熨斗緩慢熨壓，就能讓羊毛帶變得平整。

9 帆布背面朝上，四邊往內摺，再將厚布襯貼在背面。

10 將帆布和裡布的正面相對疊合，再仔細把周邊縫合起來。如果想讓帆布當作踏墊使用，不需要組裝裡布，作到步驟 9 就結束亦可。

鉤針編結專用帆布　繡框　鉤針

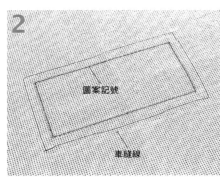

圖案記號　車縫線

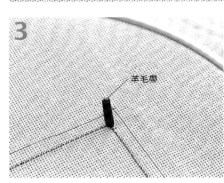

羊毛帶

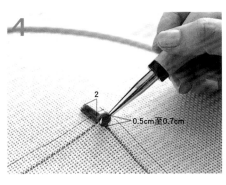

2　0.5cm 至 0.7cm

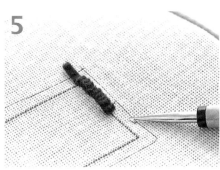

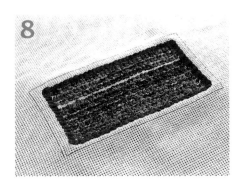

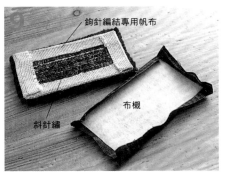

鉤針編結專用帆布　布襯　斜針縫

藏針縫

㉑

小烏龜針插的龜殼是由許多六角形組成，
當作禮物送給朋友，對方一定會很開心唷！
·······▷ **page 88**

運用鉤針編結技巧作成的娃娃，不僅充滿簡樸風情，
還有一種能讓氛圍溫暖起來的神奇魔力，
裝飾在房間裡也非常適合呢！
┈┈┈> page 80

23

小狗布娃娃

以國旗為主要圖案，加上簡略的貼布縫技法，就成了這款國旗風靠墊。
製作時，請不要以直尺來畫出貼布縫及荷葉邊的圖案，只需要以剪刀大略裁剪即可，
就能輕鬆作出充滿鄉村風味的靠墊囉！

‥‥‥➤ page 82

Cushion

25
26

國旗風情靠墊

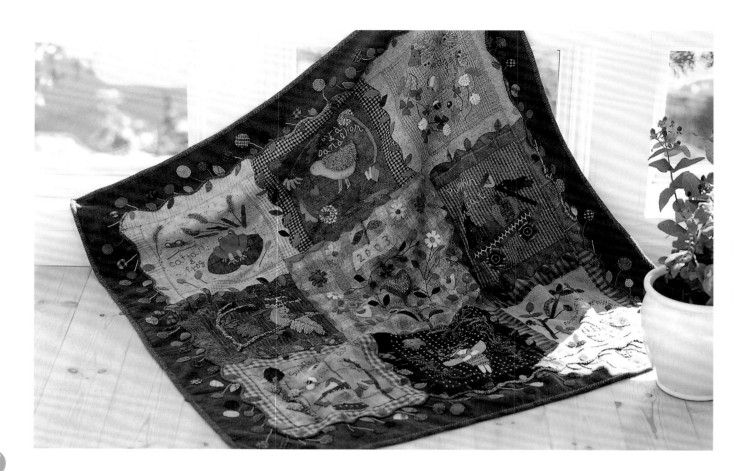

Lap robe

27

羊毛暖暖蓋毯

以大量貼布縫搭配鉤針編結技巧，就成為一塊洋溢著秋天氣息的蓋毯，
加上了鉤針編結的地方，會變得非常有立體感喔！

······➔ **page 84**

27

這款單肩背包雖然是袖珍背包的造型，但附有許多口袋，
也很適合當作外出用的肩背包喔！

┈┈┈┈┈> page 86

外型出眾的花生造型小物袋，
用來收納旅行時的小東西，一定很方便！
小物袋表面車縫了許多波浪形別布作為裝飾，
注目度更加倍唷！

⋯⋯⟶ page 89

復古墊布收集了許多小朋友喜歡的場景，
再一個一個拼縫而成，
即使只是用來裝飾，也相當令人賞心悅目呢！
┈┈┈ **page 90**

簡樸的貼布縫餐巾，讓每一次用餐都愉快。
周邊繞縫了一圈枝葉及果實，都是運用貼布縫技巧作成的喔！
┈┈➤ page 92

選用羊毛布料作成的泰迪熊，給人十足樸拙的印象；
雙眼各自組裝不同的鈕釦，就能創造生動的表情喔！

⋯⋯▷ **page 93**

羊毛泰迪熊

裝飾掛毯上滿滿的縫紉機、剪刀、針插等
裁縫相關圖案，
都是以手工貼布縫技巧完成！
不僅有羊毛布料，也選用天鵝絨等素材，
營造細膩且典雅的氛圍。
·····> page 94

34

49

製作工具

只要準備好下列工具，就能讓拼布工作順利
進行唷！

1. 附磁鐵針座
   附有磁鐵的針座，能吸附手縫針等金屬
   材料，不僅方便整理，也不容易弄丟。
2. 珠針
   以細長、頭小的珠針為佳。
3. 拼布壓線針
   長度2.5cm左右的粗短拼布壓線專用針。
4. 手縫針
   長度3cm左右的細短手縫針最為適合。
5. 刺繡針
   可穿過2股25號繡線使用的針。
6. 刺繡針
   雖然是刺繡專用針，但針孔較大，可穿
   過5號繡線使用。
7. 線剪
8. 紙張專用剪刀
9. 布料專用剪刀
   如果同一把剪刀時常被用來裁剪各種不
   同的材料，會容易鈍掉，所以請依照各
   種用途，分別使用不同的剪刀。
10. 直尺
    附有方格的更好用喔！

使用材料

11. 棉布
    用來當作包包等作品的裡布。
12. 薄質羊毛布料
    主要使用於貼布縫。
13. 壓縮羊毛
    選用壓縮加工過的厚質不織布。
14. 不織布
    收集許多豐富顏色的不織布，能夠讓拼
    布作品更加繽紛。
15. 中等厚度的羊毛布料
    最常使用於拼布及貼布縫等技巧，或將
    不穿的洋裝加以裁剪，即使不用新的布
    料也很OK！
16. 5號繡線
    用於強調重點的手縫或刺繡處。
17. 25號繡線
    由於是2股捻合成1股的刺繡線，使用起
    來十分方便，也可以直接用來當作縫紉
    機的車縫線。
18. 縫衣線
    不只能夠使用於接合小布片，當作車縫
    線也很好用喔！
19. 布襯
    依照不同用途，選用厚質、中厚及薄質
    等三種布襯。如果想讓包包等作品更加
    堅固耐用，就使用厚布襯作為內裡。

附屬材料

整個包包展現出來的氣氛，會因提把使用的
材質而有不同變化。在製作包包時，請考量
整個作品的平衡感及是否相襯，選用各式各
樣的提把來組裝吧！左上起為棉布提把、皮
革提把及木製提把。
此外，包包的拉鍊雖然是選用金屬材質，但
如果老是使用同樣的釦頭，難免有些乏味，
也可以選擇細繩或木製串珠來替換使用。至
於其他釦具的組裝，只要使用專門的手作工
具，就能簡單地組裝完成喔！

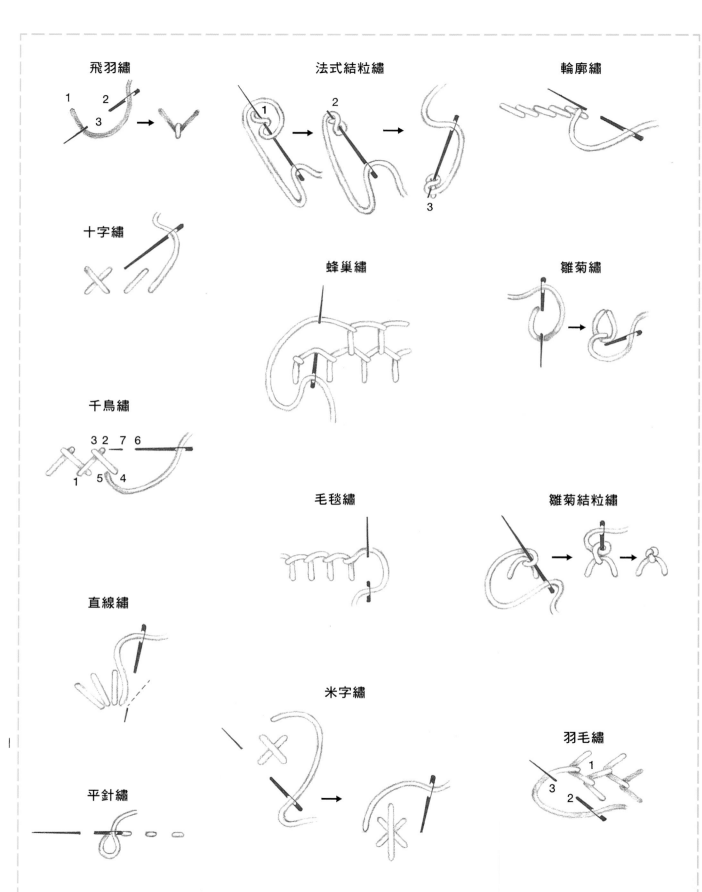

飛羽繡

法式結粒繡

輪廓繡

十字繡

蜂巢繡

雛菊繡

千鳥繡

毛毯繡

雛菊結粒繡

直線繡

米字繡

羽毛繡

平針繡

各種繡法

HOW
TO
MAKE

1
↓
34

❶ 羊毛編織手提籃

······➤ page 5

材料

表布＝羊毛布料（横向布條）A花樣40×40cm、

B花樣25×40cm、C花樣20×40cm、

（直向布條）60×50cm、（側幅布・斜紋布條）30×20cm、

（表底・2片）35×30cm

表布＝薄質羊毛布料（口布表布・斜紋布條）4.5×80cm、

（包口專用斜紋布條）3×80cm、（提把）40×35cm

裡布＝薄質羊毛布料（横、直向布條）100×80cm

裡袋、口布裡布＝木棉布料90×90cm

厚布襯＝80×30cm

中厚布襯＝30×30cm

薄布襯＝25×10cm

厚棉襯＝2.5×80cm

提把＝1組

①製作布條

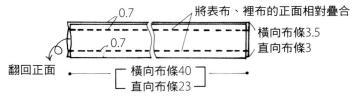

0.7 　　将表布、裡布的正面相對疊合

0.7

横向布條3.5
直向布條3

翻回正面　　横向布條40
直向布條23

☞ 製作横向布條20條、直向布條34條。

↓

☞ 逐一以縫紉機刺繡

②編織布條

編織布條，加以固定。

19
（横向布條10條）　　1
（縫份）

36（直向布條17條）

1
（縫份）

☞ 製作2片

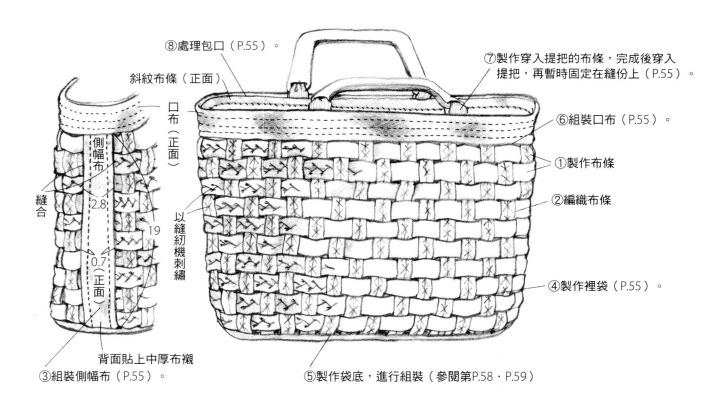

⑧處理包口（P.55）。

斜紋布條（正面）

口布（正面）

側幅布

縫合

2.8

19

0.7（正面）

以縫紉機刺繡

背面貼上中厚布襯

③組裝側幅布（P.55）。

⑦製作穿入提把的布條，完成後穿入
提把，再暫時固定在縫份上（P.55）。

⑥組裝口布（P.55）。

①製作布條

②編織布條

④製作裡袋（P.55）。

⑤製作袋底，進行組裝（參閱第P.58・P.59）

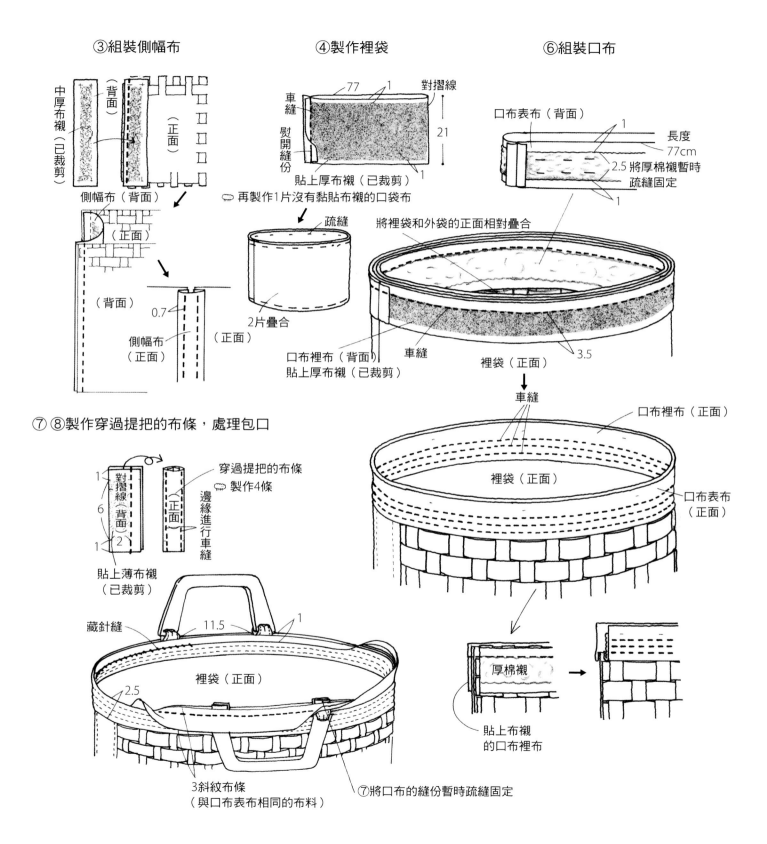

③組裝側幅布

中厚布襯（已裁剪）
（背面）
（正面）
側幅布（背面）

（正面）

（背面）
0.7
側幅布（正面）

④製作裡袋

77　1
對摺線
車縫
熨開縫份
21
1
貼上厚布襯（已裁剪）
💬 再製作1片沒有黏貼布襯的口袋布

疏縫
2片疊合
（正面）

口布裡布（背面）
貼上厚布襯（已裁剪）
車縫

⑥組裝口布

口布表布（背面）
1
長度 77cm
2.5 將厚棉襯暫時疏縫固定
1

將裡袋和外袋的正面相對疊合
裡袋（正面）
3.5

車縫
口布裡布（正面）
裡袋（正面）
口布表布（正面）

⑦ ⑧製作穿過提把的布條，處理包口

1
對摺線（背面）
6
2
1
貼上薄布襯（已裁剪）

穿過提把的布條
💬 製作4條
（正面）
邊緣進行車縫

藏針縫
11.5　1
裡袋（正面）
2.5
3斜紋布條（與口布表布相同的布料）
⑦將口布的縫份暫時疏縫固定

厚棉襯
貼上布襯的口布裡布

❷ 前袋壓縫圖案手提包

page 6

材料
表布＝羊毛布料（前片・斜紋布條）40×40cm、
（後片）40×35cm、（口袋）45×25cm
裡布＝羊毛布料（前片・後片・口袋）40×90cm
羊毛布料（斜紋布條）＝60×60cm
厚布襯＝60×40cm
厚羅緞蝴蝶結＝3×80cm
皮革帶（提把）＝1.5×13.5cm 2條
羊毛布料（貼布縫布料）＝適量
25號繡線＝苔綠色・米色
5號繡線＝深咖啡色・淺咖啡色・苔綠色・黑色

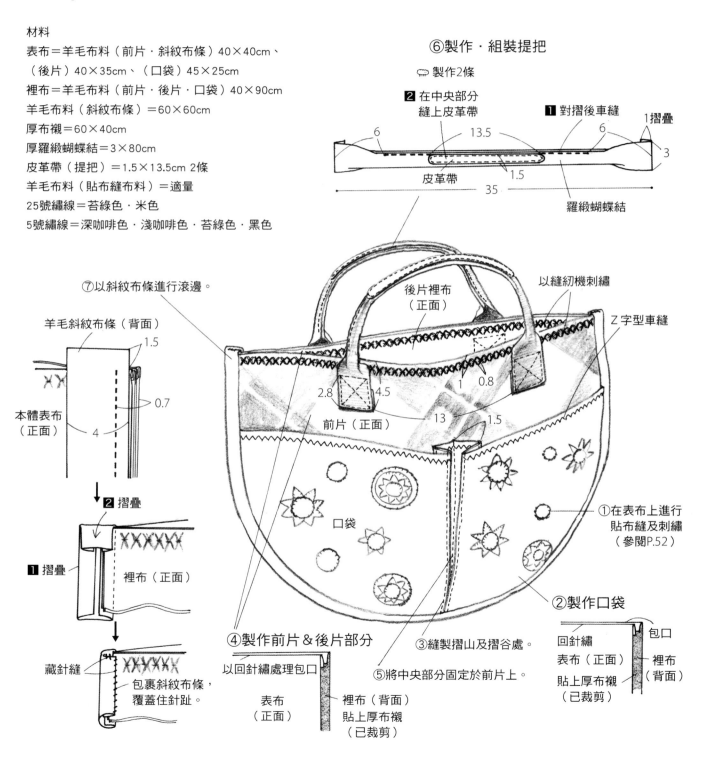

⑥製作・組裝提把

◯ 製作2條

❷在中央部分
縫上皮革帶

❶對摺後車縫

1摺疊

6   13.5   6
皮革帶   3
1.5
羅緞蝴蝶結
35

⑦以斜紋布條進行滾邊。

羊毛斜紋布條（背面）
1.5
本體表布
（正面）
0.7
4

後片裡布
（正面）

以縫紉機刺繡

Ｚ字型車縫

2.8   4.5   1   0.8
前片（正面）   13   1.5

口袋

❷摺疊

裡布（正面）

❶摺疊

藏針縫

包裹斜紋布條，
覆蓋住針趾。

①在表布上進行
貼布縫及刺繡
（參閱P.52）

②製作口袋

④製作前片＆後片部分

以回針繡處理包口

表布
（正面）

裡布（背面）
貼上厚布襯
（已裁剪）

③縫製摺山及摺谷處。

⑤將中央部分固定於前片上。

回針繡
表布（正面）
貼上厚布襯
（已裁剪）

包口
裡布
（背面）

56

❸
實用長方形迷你小物袋

⋯⋯⟩ **page 10**

材料

表布＝羊毛布料（前片上半部・後片）25×25cm、
（前片下半部・襠布）25×15cm

羊毛布料（滾邊布・斜紋布條）＝4×47cm
（以40×40cm的布料裁剪）

羊毛布料（貼布縫布料）＝適量

裡布＝羊毛布料（前片・後片・口袋布）

25×45cm

布襯＝25×15cm

金屬拉鍊＝17cm 1條

25號繡線＝黑色・灰色

④將口袋布組裝在前片上

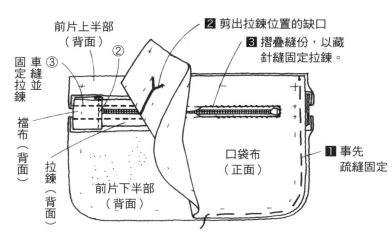

⑤製作前片＆後片部分

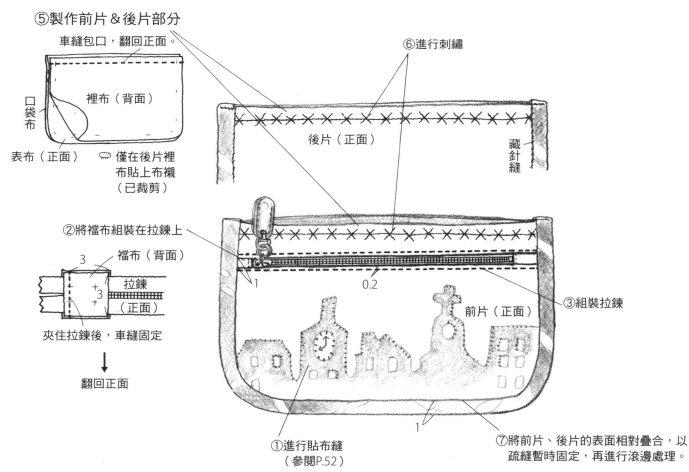

❹
直紋束口袋
┈┈┈➤ page 11

材料
表布＝羊毛布料（側幅）碎布適量、（袋底）20×20cm、（外側的袋口穿繩布・斜紋布條）25×5cm 2片
裡布＝薄質羊毛布料（側幅・袋底）60×20cm
木棉布料（裡側的袋口穿繩布）＝25×5cm 2片（不同顏色）
薄布襯＝15×10cm
束口繩＝粗0.4cm、長35cm 2條（不同顏色）
木珠（裝飾束口繩使用）＝2個
25號繡線＝咖啡色系各色

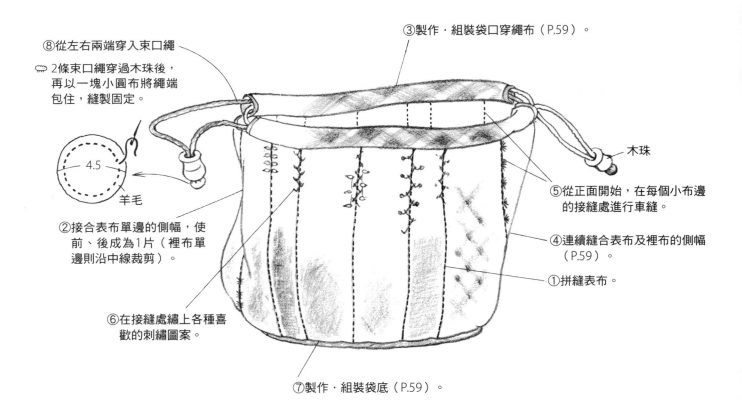

⑧從左右兩端穿入束口繩

💬 2條束口繩穿過木珠後，
再以一塊小圓布將繩端
包住，縫製固定。

4.5

羊毛

②接合表布單邊的側幅，使
前、後成為1片（裡布單
邊則沿中線裁剪）。

⑥在接縫處繡上各種喜
歡的刺繡圖案。

③製作・組裝袋口穿繩布（P.59）。

木珠

⑤從正面開始，在每個小布邊
的接縫處進行車縫。

④連續縫合表布及裡布的側幅
（P.59）。

①拼縫表布。

⑦製作・組裝袋底（P.59）。

③製作‧組裝袋口穿繩布

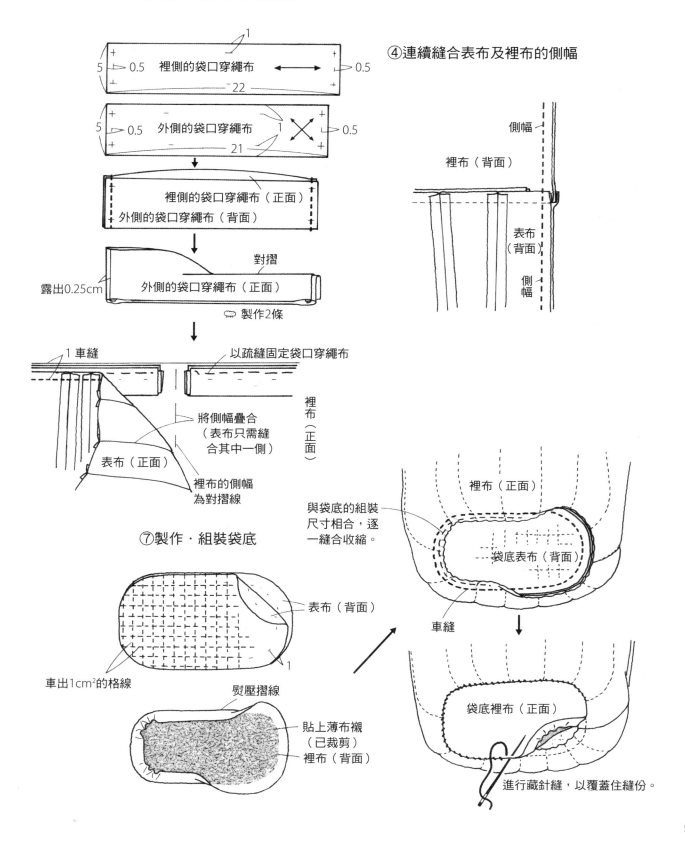

④連續縫合表布及裡布的側幅

5 ← 0.5　　裡側的袋口穿繩布　←→　　　0.5 →

5 ← 0.5　　外側的袋口穿繩布　⤬　　　0.5 →
22

1

21

裡側的袋口穿繩布（正面）

外側的袋口穿繩布（背面）

對摺

露出0.25cm　　外側的袋口穿繩布（正面）

製作2條

1 車縫　　　　　　以疏縫固定袋口穿繩布

將側幅疊合
（表布只需縫
合其中一側）

表布（正面）

裡布的側幅
為對摺線

裡
布
（
正
面
）

⑦製作‧組裝袋底

表布（背面）

1

車出1cm²的格線

熨壓摺線

貼上薄布襯
（已裁剪）

裡布（背面）

側幅

裡布（背面）

表布
（背面）

側幅

裡布（正面）

與袋底的組裝
尺寸相合，逐
一縫合收縮。

袋底表布（背面）

車縫

袋底裡布（正面）

進行藏針縫，以覆蓋住縫份。

❺
超人氣刺繡波士頓包

······⟫ page 12

材料
表布＝羊毛布料碎布適量
裡布＝格子圖案棉布50×60cm
棉布（滾邊布・斜紋布條）＝4×140cm（以40×40cm布料裁剪）
厚布襯（本體・側幅・口布）＝40×70cm
厚質羅緞蝴蝶結＝4×44cm
拉鍊＝30cm 1條
細繩＝10cm
木珠（裝飾拉鍊使用）＝長度2.5cm、直徑0.5m各2個
25號繡線＝各色適量

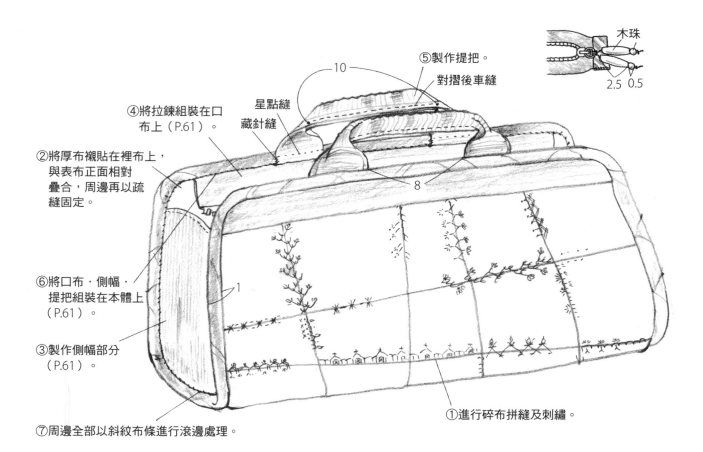

木珠

2.5 0.5

⑤製作提把。
對摺後車縫

10

星點縫
藏針縫

8

④將拉鍊組裝在口
  布上（P.61）。

②將厚布襯貼在裡布上，
  與表布正面相對
  疊合，周邊再以疏
  縫固定。

⑥將口布・側幅・
  提把組裝在本體上
  （P.61）。

10

1

③製作側幅部分
  （P.61）。

⑦周邊全部以斜紋布條進行滾邊處理。

①進行碎布拼縫及刺繡。

③製作側幅部分

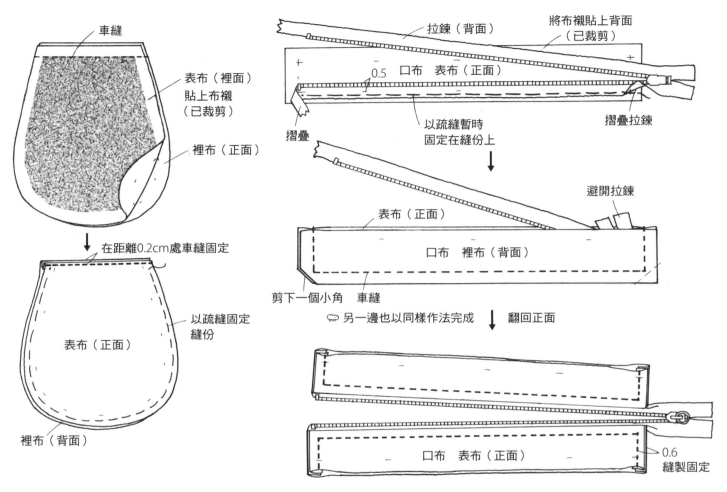

車縫

表布（裡面）
貼上布襯
（已裁剪）

裡布（正面）

↓

在距離0.2cm處車縫固定

表布（正面）

以疏縫固定
縫份

裡布（背面）

④將拉鍊組裝在口布上

拉鍊（背面）

將布襯貼上背面
（已裁剪）

+

－

0.5　口布　表布（正面）

摺疊

以疏縫暫時
固定在縫份上

摺疊拉鍊

避開拉鍊

表布（正面）

口布　裡布（背面）

剪下一個小角　車縫

💬 另一邊也以同樣作法完成　翻回正面

口布　表布（正面）

0.6
縫製固定

⑥將口布・側幅・提把組裝在本體上

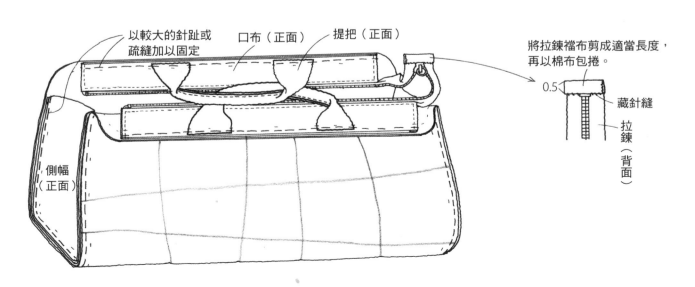

以較大的針趾或
疏縫加以固定

口布（正面）

提把（正面）

將拉鍊襯布剪成適當長度，
再以棉布包捲。

0.5

藏針縫

拉鍊（背面）

側幅
（正面）

6

仿磁磚鋪面外出包

······> page 14

材料
表布＝市松圖案羊毛布料（本體）80×30cm、
（提把垂片・袋蓋滾邊布・斜紋布條）20×20cm、
（本體包口滾邊布・斜紋布條）3.5×23cm
（以25×25cm布料裁剪）
裡布＝薄質羊毛布料（本體・袋蓋・襠布・
處理側幅的斜紋布條）40×110cm
薄布襯＝65×60cm
厚棉襯＝70×60cm
拉鍊＝17cm 1條
提把＝1個
磁釦＝直徑1.8cm 1組
塑膠板＝2.5×15cm

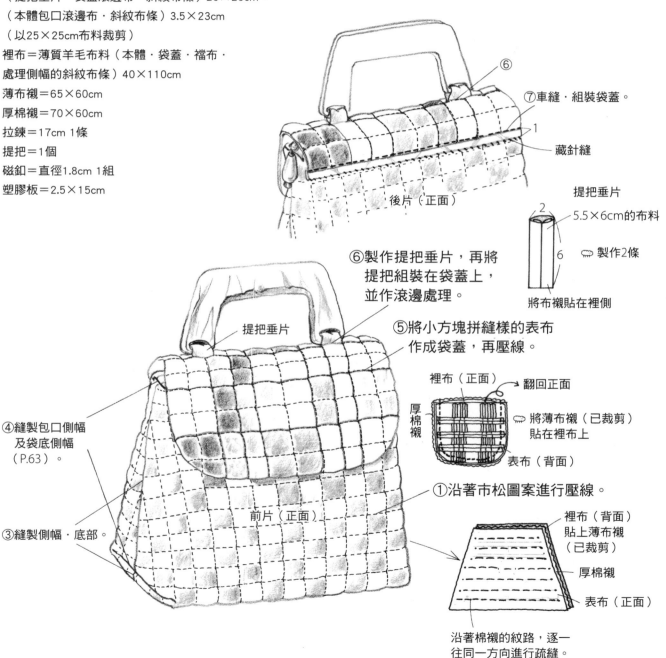

⑥ 製作提把垂片，再將
提把組裝在袋蓋上，
並作滾邊處理。

⑤ 將小方塊拼縫樣的表布
作成袋蓋，再壓線。

⑦車縫・組裝袋蓋。

藏針縫

提把垂片
5.5×6cm的布料
製作2條
將布襯貼在裡側

後片（正面）

提把垂片

④縫製包口側幅
及袋底側幅
（P.63）。

③縫製側幅・底部。

前片（正面）

裡布（正面）
翻回正面
厚棉襯
將薄布襯（已裁剪）
貼在裡布上
表布（背面）

① 沿著市松圖案進行壓線。

裡布（背面）
貼上薄布襯
（已裁剪）
厚棉襯
表布（正面）

沿著棉襯的紋路，逐一
往同一方向進行疏縫。

⑧組裝磁釦

袋蓋裡布（正面）

⑥將襠布縫組在提把的位置上。

②以滾邊方式處理包口，再組裝拉鍊。

④側幅2.5cm

前片（正面）

1

⑨最後以熨斗熨整形狀。

③縫製側幅・袋底，處理縫份

側幅

前片裡布（正面）

側幅

後片裡布（背面）

將後片裡布的縫份往內翻捲摺疊、熨壓，再以藏針縫固定。

底邊

車縫

底邊部分則是將前片裡布翻捲摺疊後，再以藏針縫固定。

裁剪

④縫製包口側幅及袋底側幅

2.5

捏住後車縫

前片裡布（正面）

後片

4.5　4.5

4.5

剪去0.7cm

→ 留下0.7cm縫份後裁剪

以同樣方法處理袋底側幅，先以滾邊布將縫份包捲起來，加以固定。

側幅縫份留下3.5cm，以滾邊布將其包捲起來，再往袋底方向翻摺，以藏針縫固定。

②處理包口，組裝拉鍊

☞ 拉鍊的中心位置必須與包口的中心點相合，再組裝起來。

另一邊也組裝在前片上

回針縫

藏針縫　藏針縫

後片裡布（正面）

滾邊布

3.5　⊠　23（背面）　車縫

2.5

後片裡布

2.5

後片裡布

後片表布（正面）

2.5　前片裡布（正面）

☞ 無論前片、後片，都必須將布襯（已裁剪）貼在裡布上。

⑥製作提把垂片，再將提把組裝在袋蓋上，並作滾邊處理。

提把　翻捲、摺疊3.5×20cm的滾邊布

將已經穿過提把的提把垂片拉出，再以藏針縫固定。

剪出開口

8.5　2

袋蓋裡布（背面）

將提把垂片蓋住，再縫製固定。

15　2.5

塑膠板　襠布（正面）

63

7

混合拼縫迷你包

材料
表布＝條紋格子棉布（前片上半部）20×10cm
表布＝羊毛布料（前片下半部拼縫布料）適量、
（滾邊布）3.5×20cm、（後片）25×30cm、
（側幅‧斜紋布條）10×35cm 2片（以40×30cm布料裁剪）
裡布＝羊毛布料35×80cm
中厚布襯（前片）＝25×30cm
薄布襯（後片‧側幅）＝65×35cm
金屬拉鍊＝14cm 1條
皮革帶（提把）＝0.8×30cm 4條
棉質布條（裝飾固定用）＝寬0.5cm少許
木釦（裝飾拉鍊用）＝直徑2.5cm 1個
25號繡線＝焦糖咖啡色

😊 分別將前片、後片及側幅逐
　一完成，再以捲邊縫縫合。

①至⑥為前片的作法
⑦⑧為後片的作法
⑨⑩為側幅的作法

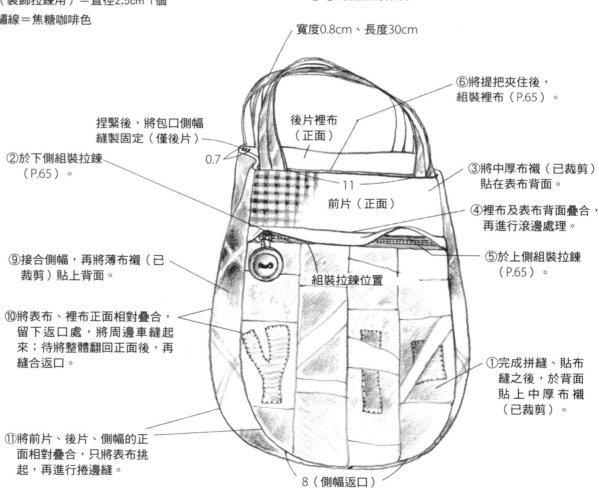

寬度0.8cm、長度30cm

捏緊後，將包口側幅
縫製固定（僅後片）

②於下側組裝拉鍊
　（P.65）。

0.7

後片裡布
（正面）

⑥將提把夾住後，
　組裝裡布（P.65）。

11

前片（正面）

③將中厚布襯（已裁剪）
　貼在表布背面。

④裡布及表布背面疊合，
　再進行滾邊處理。

⑨接合側幅，再將薄布襯（已
　裁剪）貼上背面。

組裝拉鍊位置

⑤於上側組裝拉鍊
　（P.65）。

⑩將表布、裡布正面相對疊合，
　留下返口處，將周邊車縫起
　來；待將整體翻回正面後，再
　縫合返口。

①完成拼縫、貼布
　縫之後，於背面
　貼上中厚布襯
　（已裁剪）。

⑪將前片、後片、側幅的正
　面相對疊合，只將表布挑
　起，再進行捲邊縫。

8（側幅返口）

64

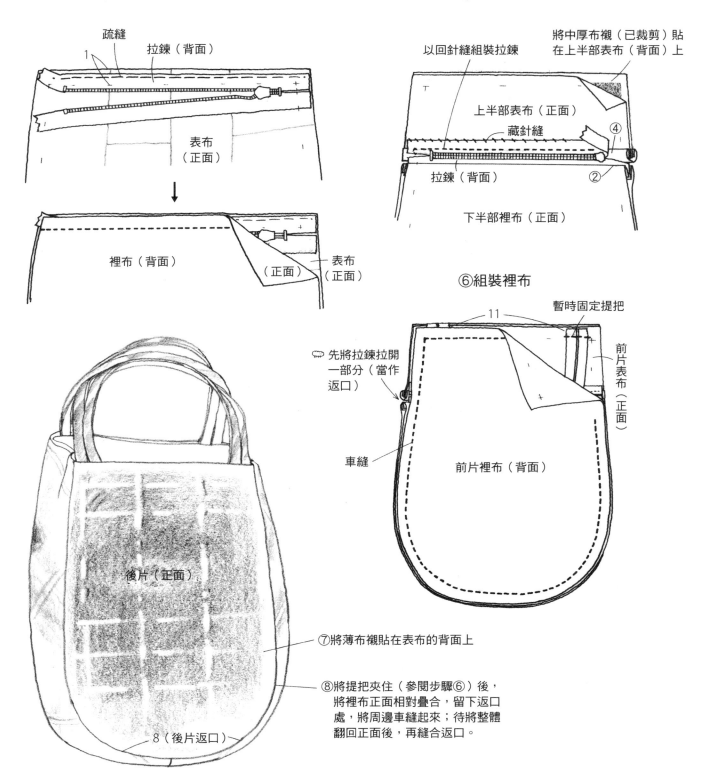

②於下側組裝拉鍊

疏縫
1
拉鍊（背面）

表布
（正面）

裡布（背面）

（正面）
表布
（正面）

⑤於上側組裝拉鍊

以回針縫組裝拉鍊

將中厚布襯（已裁剪）貼
在上半部表布（背面）上

上半部表布（正面）

藏針縫

④

拉鍊（背面）

②

下半部裡布（正面）

⑥組裝裡布

11

暫時固定提把

先將拉鍊拉開
一部分（當作
返口）

前片表布（正面）

車縫

前片裡布（背面）

後片（正面）

⑦將薄布襯貼在表布的背面上

⑧將提把夾住（參閱步驟⑥）後，
將裡布正面相對疊合，留下返口
處，將周邊車縫起來；待將整體
翻回正面後，再縫合返口。

8（後片返口）

❼
小狗奈勒斯的裝飾掛毯

> page 16

材料

表布＝羊毛布料（表布）155×155cm、
（貼布縫底布）各色適量
薄質羊毛布料＝（滾邊布）25×165cm
（正面荷葉邊布料126片）80×100cm、
（荷葉邊三角布）60×100cm、
（貼布縫布料）各色適量、
（緣布·斜紋布條）2.5×620cm（以60×90cm布料裁剪）
裡布＝薄質羊毛布料（裡布·穿口布）160×200cm、
（背面荷葉邊布料86片）80×80cm
25號繡線＝米色
5號繡線＝淺米色、灰色

荷葉邊布料的組裝＆滾邊方式

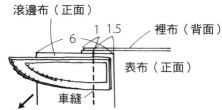

荷葉邊布料背面
荷葉邊布料正面 ┐背面相對疊合
在背面進行藏針縫
貼布縫底布（背面）
表布（正面）
裡布（背面）

滾邊布（正面）
裡布（背面）
表布（正面）
1 1.5
6
車縫

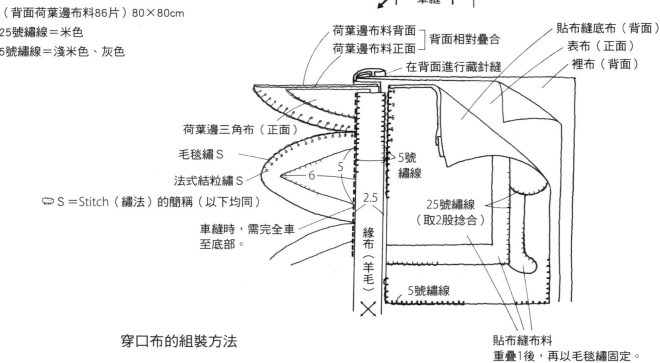

荷葉邊三角布（正面）
毛毯繡S
法式結粒繡S
☜S ＝Stitch（繡法）的簡稱（以下均同）
車縫時，需完全車至底部。
緣布（羊毛）
5號繡線
25號繡線（取2股捻合）
5號繡線
貼布縫布料重疊1後，再以毛毯繡固定。
6
5
2.5

穿口布的組裝方法

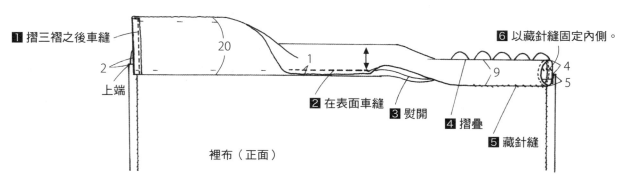

1 摺三褶之後車縫
2
上端
20
1
2 在表面車縫
3 熨開
4 摺疊
5 藏針縫
6 以藏針縫固定內側。
9
4
5
裡布（正面）

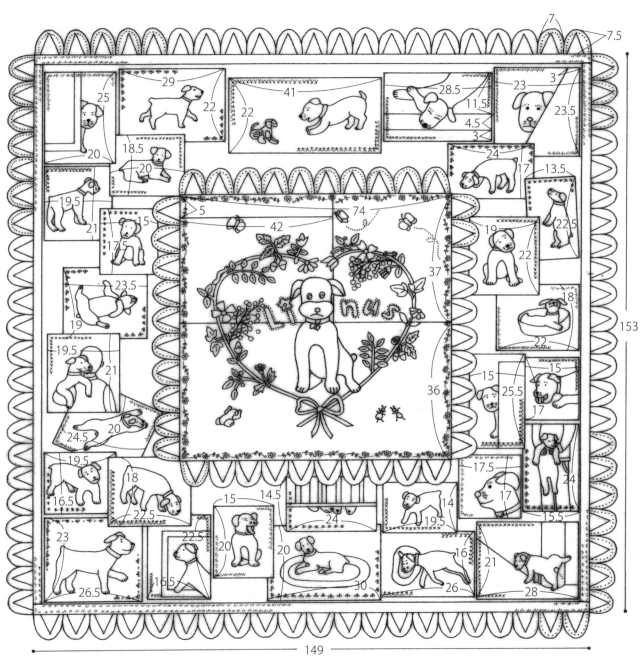

先製作各個部分的貼布縫，再參照上圖加以疊合&組裝。

⑨ ⑩
羊毛圍巾&小物袋組合

·····▷ **page 18**

材料
表布＝羊毛布料（本體）25×30cm、（滾邊布・斜紋布條）3.5×25cm 2片（以30×25cm布料裁剪）、
（貼布縫布料・裝飾布片）各少許
裡布＝薄質羊毛布料25×30cm
薄棉襯＝25×30cm
金屬拉鍊＝19cm 1條
細繩＝15cm
木珠＝直徑0.5cm 2個、直徑1.5cm 1個
25號繡線＝灰色

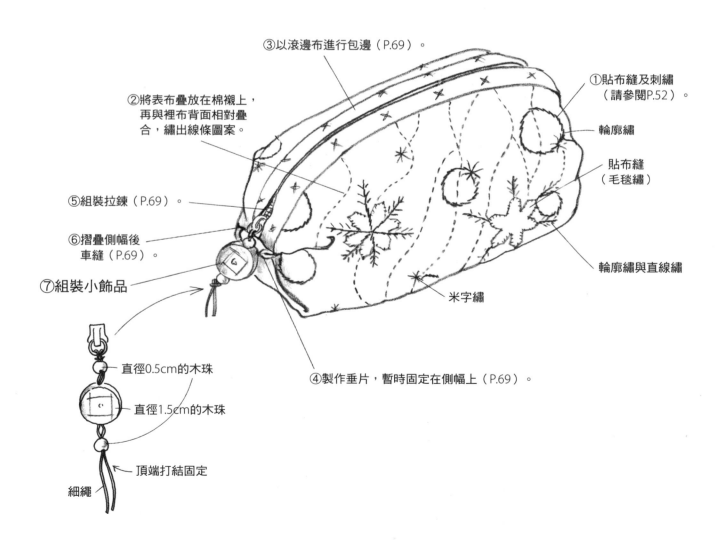

③以滾邊布進行包邊（P.69）。

①貼布縫及刺繡
（請參閱P.52）。

輪廓繡

②將表布疊放在棉襯上，
再與裡布背面相對疊
合，繡出線條圖案。

貼布縫
（毛毯繡）

⑤組裝拉鍊（P.69）。

⑥摺疊側幅後
車縫（P.69）。

輪廓繡與直線繡

⑦組裝小飾品

米字繡

直徑0.5cm的木珠

直徑1.5cm的木珠

④製作垂片，暫時固定在側幅上（P.69）。

頂端打結固定

細繩

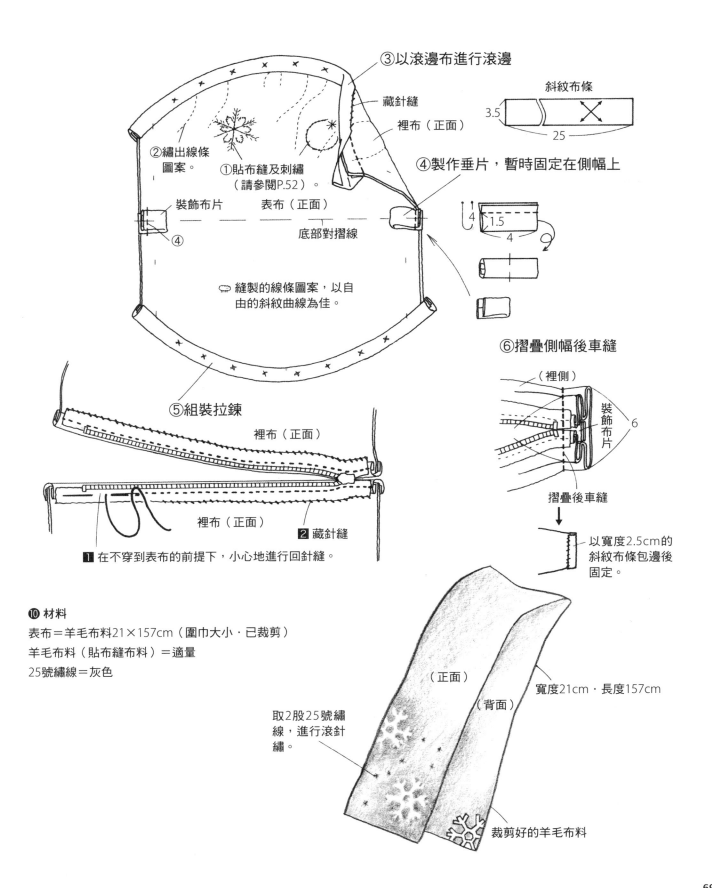

③以滾邊布進行滾邊

斜紋布條

3.5

25

藏針縫

裡布（正面）

②繡出線條
　圖案。

①貼布縫及刺繡
　（請參閱P.52）。

④製作垂片，暫時固定在側幅上

4

1.5

4

裝飾布片

④

表布（正面）

底部對摺線

🥢 縫製的線條圖案，以自
　由的斜紋曲線為佳。

⑥摺疊側幅後車縫

（裡側）

裝飾布片

6

⑤組裝拉鍊

裡布（正面）

裡布（正面）

2 藏針縫

1 在不穿到表布的前提下，小心地進行回針縫。

摺疊後車縫

以寬度2.5cm的
斜紋布條包邊後
固定。

❿ 材料
表布＝羊毛布料21×157cm（圍巾大小・已裁剪）
羊毛布料（貼布縫布料）＝適量
25號繡線＝灰色

取2股25號繡
線，進行滾針
繡。

（正面）

（背面）

寬度21cm・長度157cm

裁剪好的羊毛布料

⑪ ⑫
羊毛氈貼布縫圍巾

·····> **page 21**

⑪ **材料**
格子圖案的羊毛布料＝20×133cm（圍巾尺寸）
羊毛布料（貼布縫布料）＝適量

💬 圖案製作方法（羊毛氈貼布縫）請見P.19。

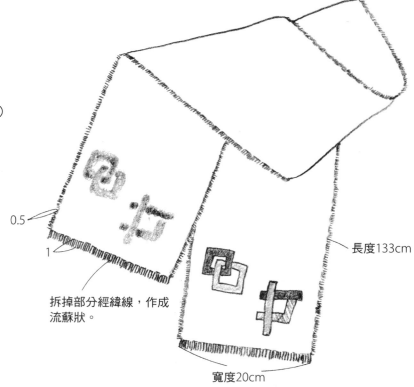

0.5

1

拆掉部分經緯線，作成
流蘇狀。

長度133cm

寬度20cm

⑫ **材料**
格子圖案的羊毛布料＝19×102cm
（圍巾尺寸，已裁剪）
羊毛布料（貼布縫布料）＝適量
金屬鈕釦＝直徑0.5cm 3個
5號繡線＝黑色・金咖色

💬 圖案製作方法（羊毛氈貼布縫）請參照P.19。

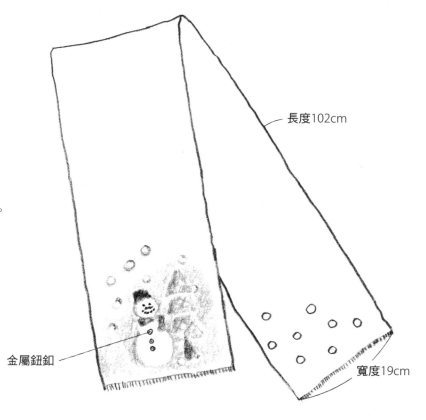

長度102cm

金屬鈕釦

寬度19cm

⓭ ⓮ ⓯
時髦手作手環

⓭ 材料
不織布（黑色）＝8×25cm
棉布（貼布縫布料）＝適量
鈕釦＝直徑1.4cm 1個
25號繡線＝黑色
5號繡線＝咖啡色

⓮ 材料
不織布（苔綠色）＝4×25cm
不織布（貼布縫布料）＝適量
大圓串珠（黑色）＝49顆
鈕釦＝直徑1.5cm 1個
25號繡線＝黑色・苔綠色・胭脂色・藍色
5號繡線＝苔綠色

⓯ 材料
不織布（米黃色）＝8×25cm
裝飾用鈕釦＝直徑1.2cm 前後共6個
固定用鈕釦＝直徑1.3cm 1個
25號繡線＝綠色・焦糖咖啡色・淺咖啡色
5號繡線＝米色

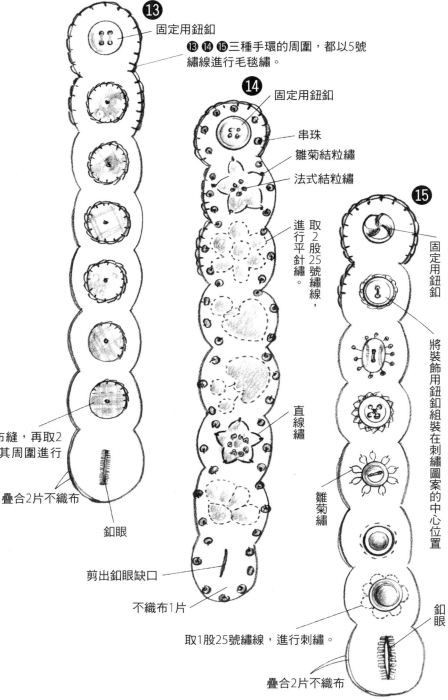

⓭ 固定用鈕釦

⓭ ⓮ ⓯三種手環的周圍，都以5號繡線進行毛毯繡。

⓮ 固定用鈕釦

串珠

雛菊結粒繡

法式結粒繡

取2股25號繡線，進行平針繡。

直線繡

雛菊繡

使用棉布進行貼布縫，再取2股25號繡線，在其周圍進行毛毯繡。

疊合2片不織布

釦眼

剪出釦眼缺口

不織布1片

取1股25號繡線，進行刺繡。

⓯ 固定用鈕釦

將裝飾用鈕釦組裝在刺繡圖案的中心位置

釦眼

疊合2片不織布

🐛⓮ 圖案作法
（羊毛氈貼布縫）請參照P.19

71

讓人好想帶出門的休閒手提包

·····> page 24

材料
表布＝格子圖案的羊毛布料（前片・後片）80×35cm
千鳥格紋的羊毛布料（口布）40×10cm
羊毛布料（裝飾垂片・口袋蓋子的表布）各少許
羊毛布料（口袋拼縫的表布）＝各色適量
裡布＝薄質羊毛布料（前片・後片・口袋・斜紋布條）90×50cm
羊毛布料（裝飾布片・口袋蓋子的裡布）少許
羊毛布料（包釦使用）少許
薄布襯（前片・後片的裡布・裝飾布片・口袋蓋子的表布）80×70cm
皮革帶（提把）＝2.5×36cm 2條
鈕釦（裝飾布片使用）＝直徑1.8cm 1個、直徑2.1cm 1個
包釦（口袋蓋子使用）＝直徑2.1cm 1個
四合釦（大）＝1組

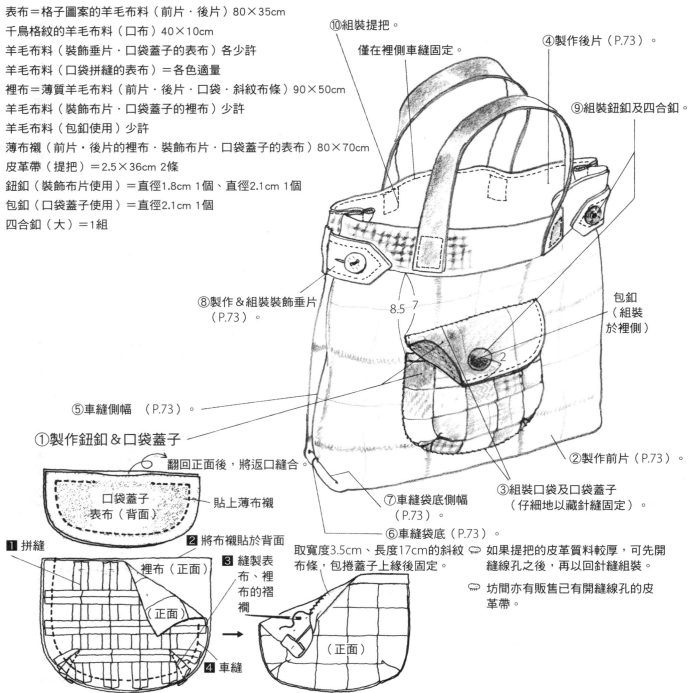

⑩組裝提把。
　僅在裡側車縫固定。

④製作後片（P.73）。

⑨組裝鈕釦及四合釦。

⑧製作＆組裝裝飾垂片
　（P.73）。

包釦
（組裝
於裡側）

⑤車縫側幅　（P.73）。

①製作鈕釦＆口袋蓋子

翻回正面後，將返口縫合。

口袋蓋子
表布（背面）

貼上薄布襯

8.5　7

2

②製作前片（P.73）。

③組裝口袋及口袋蓋子
　（仔細地以藏針縫固定）。

⑦車縫袋底側幅
　（P.73）。

⑥車縫袋底（P.73）。

■1 拼縫

裡布（正面）

正面

■2 將布襯貼於背面

■3 縫製表布、裡布的褶襇

■4 車縫

取寬度3.5cm、長度17cm的斜紋布條，包捲蓋子上緣後固定。

（正面）

如果提把的皮革質料較厚，可先開縫線孔之後，再以回針縫組裝。

坊間亦有販售已有開縫線孔的皮革帶。

製圖　　　　　　　②製作前片　　　　　　④製作後片

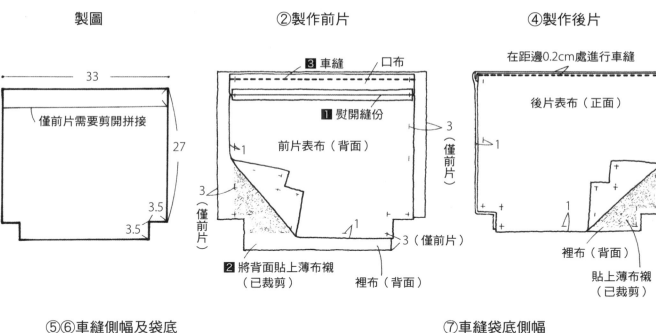

⑤⑥車縫側幅及袋底　　　　　　⑦車縫袋底側幅

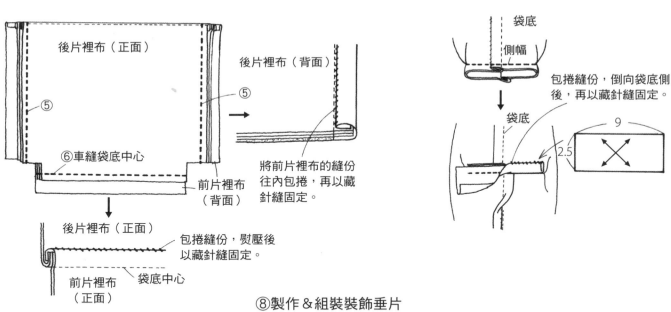

⑧製作＆組裝裝飾垂片

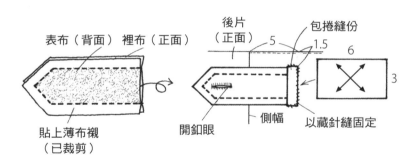

17 18
可愛造型的迷你小物袋

·····> **page 25**

17 材料

表布＝羊毛布料（後片・側幅）50×25cm、
（提把）20×5cm、（前片拼縫布料）4種各適量

裡布＝薄質羊毛布料（前片・後片・側幅）50×25cm

羊毛布料（提把）＝20×5cm

薄布襯（裡布）＝35×25cm

金屬材質拉鍊＝12cm 1條

細繩＝10cm

拉鍊頭小飾品＝1個

18 材料

表布＝羊毛布料（後片）20×20cm、
（前片拼縫布料）4種各適量、
（提把）20×5cm

裡布＝羊毛布料（前片・後片）40×20cm、
（提把）20×5cm

薄布襯（裡布）＝30×20cm

金屬材質拉鍊＝12cm 1條

細繩＝10cm

拉鍊頭小飾品＝1個

17

☞ 先完成A至E各部分，再從背面將每一片表布
仔細地以藏針縫接合，完成整個包包主體。

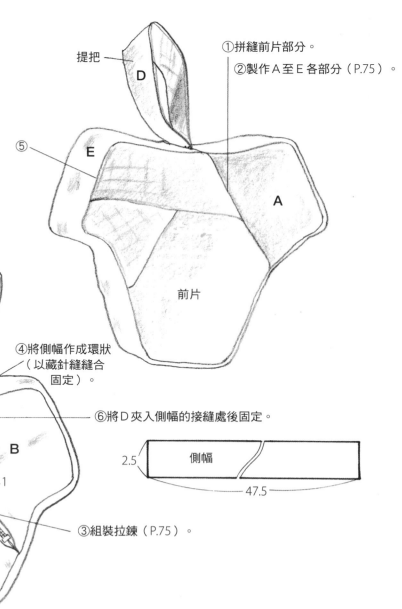

提把

①拼縫前片部分。

②製作A至E各部分（P.75）。

⑤

④將側幅作成環狀
（以藏針縫縫合
固定）。

⑥將D夾入側幅的接縫處後固定。

⑤
接合前片與
後片部分。

拉鍊頭小飾品

③組裝拉鍊（P.75）。

2.5　側幅　47.5

前片

後片

⑱

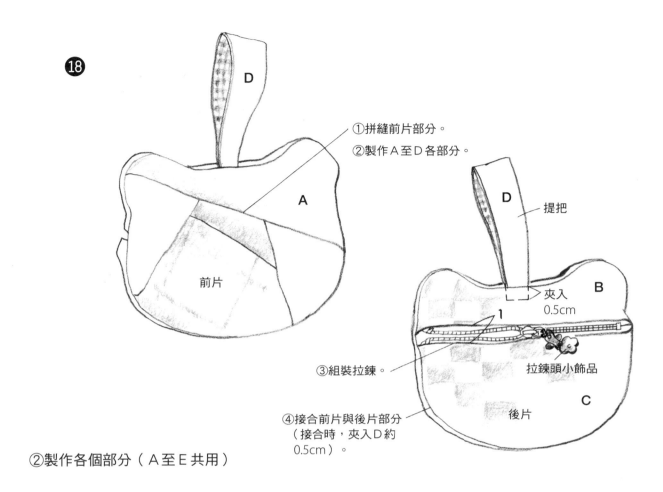

①拼縫前片部分。

②製作Ａ至Ｄ各部分。

D 提把

夾入
0.5cm

B

③組裝拉鍊。

拉鍊頭小飾品

C

後片

④接合前片與後片部分
（接合時，夾入Ｄ約
0.5cm）。

A

前片

②製作各個部分（Ａ至Ｅ共用）

貼上布襯
（已裁剪）

裡布（背面）

剪牙口

4～5
（返回）

😊 請盡量選擇直線的
部分來當作返口

已完成拼縫的表布（正面）

翻回正面後，縫合返口。

③組裝拉鍊

裡布（正面） 裡側

在不影響到表面
的前提下，小心
地進行回針縫。

在不穿到表面的
前提下，小心地
進行藏針繡。

⑲

底部抓縐時尚外出包

⸺> page 26

材料
表布＝羊毛布料（前片・後片）70×25cm、（側幅）80×15cm
裡布＝薄質羊毛布料（前片・後片・側幅・貼邊布）80×40cm
羊毛布料（貼布縫布料）＝適量
燈芯絨（提把垂片）＝6×22cm
厚布襯（前後表布）＝35×45cm
中厚布襯（前後裡布）＝35×45cm
鬆緊帶＝寬度0.8cm、長度6cm 2條
提把＝1組
25號繡線＝焦糖咖啡色・綠色
5號繡線＝苔綠色

⑥製作提把垂片，再穿入提把，
　以疏縫固定在包口的縫份上（P.77）。

兩端進行車縫

6
2

🐛製作4條
5.5×6cm的布條

⑦利用貼邊布，處理包口部分（P.77）。

②將厚布襯貼於前後表布的背
　面，再將中厚布襯貼於前後
　裡布的背面（已裁剪）。

後片（裡布）

⑤以藏針縫固定
　裡布（P.77）。

從正面開始車縫

19.5

前片（正面）

③製作側幅
　（P.77）。

④將側幅及表布正面相對
　疊合後車縫（P.77）。

⑧取2股5號繡線，每隔0.6cm
　作一個法式結粒繡。

①貼布縫處理，
🐛以同樣方法製作後片。

裁剪羊毛布料後，取2股25號
繡線，進行毛毯繡。

③製作側幅

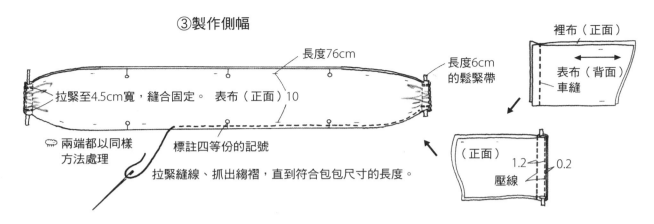

長度76cm

拉緊至4.5cm寬，縫合固定。　表布（正面）10

長度6cm
的鬆緊帶

兩端都以同樣
方法處理

標註四等份的記號

拉緊縫線、抓出縐褶，直到符合包包尺寸的長度。

裡布（正面）

表布（背面）
車縫

（正面）
1.2　0.2
壓線

④⑤縫合側幅及前・後表布，再以藏針縫固定裡布

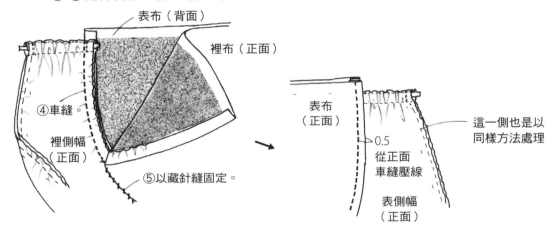

表布（背面）

裡布（正面）

④車縫。

裡側幅
（正面）

⑤以藏針縫固定。

表布
（正面）

0.5
從正面
車縫壓線

表側幅
（正面）

這一側也是以
同樣方法處理

⑥⑦製作提把垂片，再處理包口部分

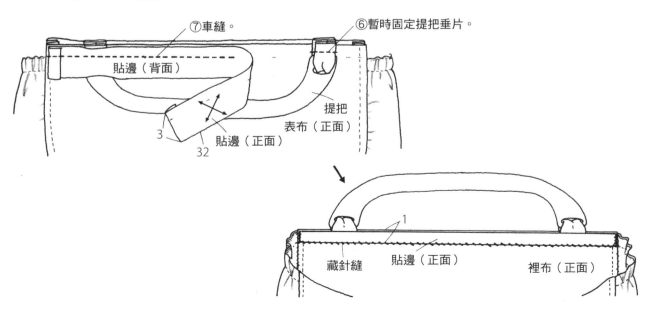

⑦車縫。

⑥暫時固定提把垂片。

貼邊（背面）

提把

表布（正面）

3

32

貼邊（正面）

藏針縫

貼邊（正面）

1

裡布（正面）

小花圖案茶壺保溫套

······> page 28

材料

表布＝羊毛布料（斜紋布條）60×50cm

裡布＝羊毛布料30×80cm

羊毛布料（緣布‧斜紋布條）＝30×30cm

羊毛布料（貼布縫布料）＝適量

薄布襯＝25×80cm

25號繡線＝深綠色‧綠色‧米色‧紅色‧

　　　　　深藍色‧灰藍色‧淡雅粉紅色

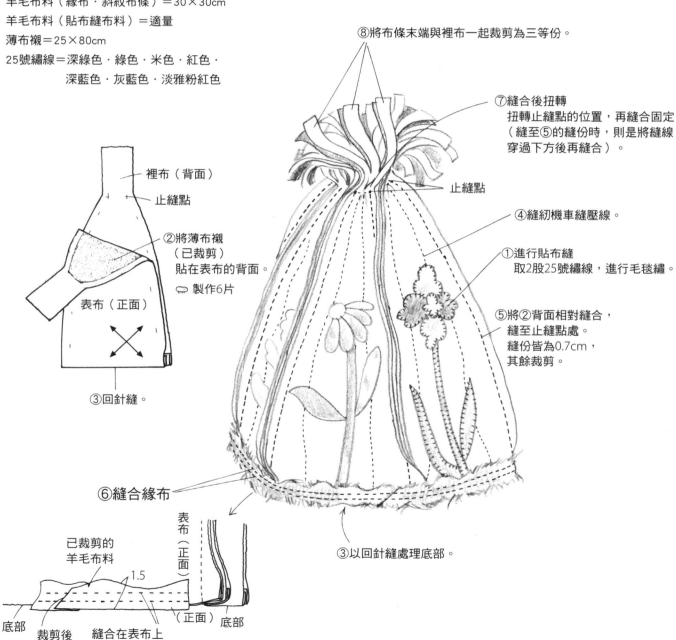

⑧將布條末端與裡布一起裁剪為三等份。

⑦縫合後扭轉
扭轉止縫點的位置，再縫合固定
（縫至⑤的縫份時，則是將縫線
穿過下方後再縫合）。

止縫點

④縫紉機車縫壓線。

①進行貼布縫
取2股25號繡線，進行毛毯繡。

⑤將②背面相對縫合，
縫至止縫點處。
縫份皆為0.7cm，
其餘裁剪。

裡布（背面）

止縫點

②將薄布襯
（已裁剪）
貼在表布的背面。
🙂 製作6片

表布（正面）

③回針縫。

⑥縫合緣布

③以回針縫處理底部。

已裁剪的
羊毛布料

1.5

表布（正面）

底部

底部

裁剪後
接合

縫合在表布上

（正面）

底部

78

㉑

鉤針編結玄關踏墊

┈┈┈> page 30

材料

表布（鉤針編結用）＝羊毛布料各色適量

裡布＝羊毛布料70×80cm

帆布（底布）＝90×90cm

厚布襯＝70×80cm

處理裡側部分

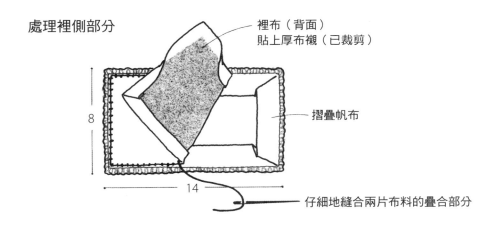

裡布（背面）
貼上厚布襯（已裁剪）

摺疊帆布

8

14

仔細地縫合兩片布料的疊合部分

將每一片裡布牢固地縫合

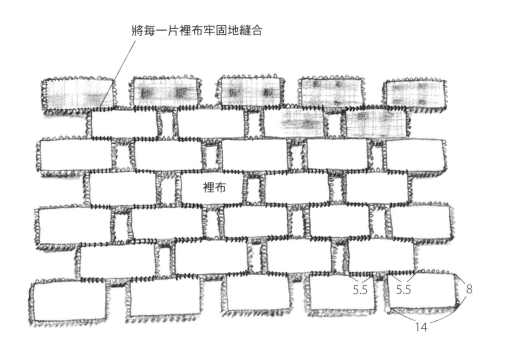

裡布

5.5　5.5　8

14

㉓ ㉔
小狗&貓咪布娃娃

⤑ page 34 · 35

㉓ 材料

身體部分／格子圖案的羊毛布料＝100×40cm

棉花＝適量

臉部／羊毛布料（鉤針編結用）＝各色適量

帆布（底布）＝20×20cm

襯衫／羊毛布料＝50×50cm

羊毛布料（領子）＝3.5×22cm（裁剪後使用）

鈕釦＝直徑1.5cm 2個

四合釦＝2組

褲子／羊毛布料＝70×30cm

羊毛布料（肩帶）＝10×20cm

（裁剪後使用）

25號繡線＝白色

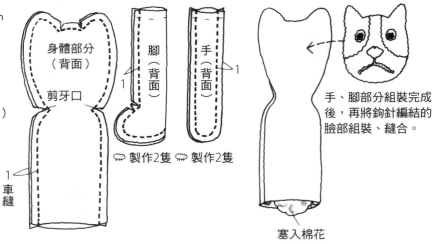

身體部分（背面）

剪牙口

腳（背面）

手（背面）

1

1

車縫

🐾 製作2隻　🐾 製作2隻

手、腳部分組裝完成後，再將鉤針編結的臉部組裝、縫合。

塞入棉花

🐾 手、腳部分以同樣方法塞入棉花

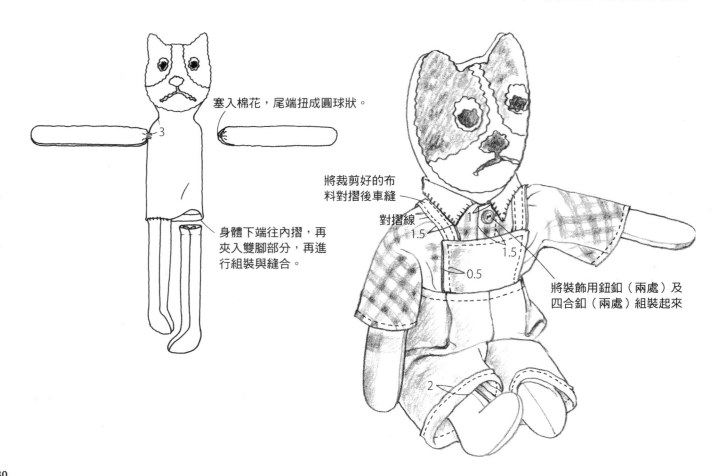

塞入棉花，尾端扭成圓球狀。

身體下端往內摺，再夾入雙腳部分，再進行組裝與縫合。

將裁剪好的布料對摺後車縫

對摺線

將裝飾用鈕釦（兩處）及四合釦（兩處）組裝起來

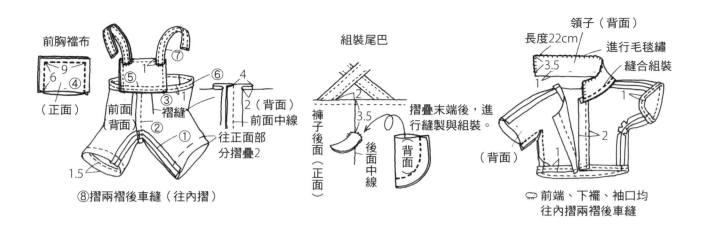

前胸襠布

9
6
④
（正面）

前面
背面

⑤
③
1
褶縫

②
①

⑦
1

⑥
4
2（背面）
前面中線
往正面部
分摺疊2

1.5

⑧摺兩褶後車縫（往內摺）

組裝尾巴

2
3.5

褲子後面
（正面）

後面中線

背面

摺疊末端後，進
行縫製與組裝。

領子（背面）

長度22cm
進行毛毯繡
縫合組裝

3.5
1

1
2
1

（背面）

☞前端、下襬、袖口均
往內摺兩褶後車縫

❷❹ 材料

身體部分／羊毛布料＝100×40cm
羊毛布料（尾巴末端）＝少許
棉花＝適量
臉部／羊毛布料（鉤針編結用）＝各色適量
帆布（底布）＝40×20cm
外套／格子圖案的羊毛布料＝110×30cm
鈕釦＝直徑1.8cm 2個
褲子／不織布＝50×30cm
圍巾／羊毛布料＝6×45cm
5號繡線＝咖啡色

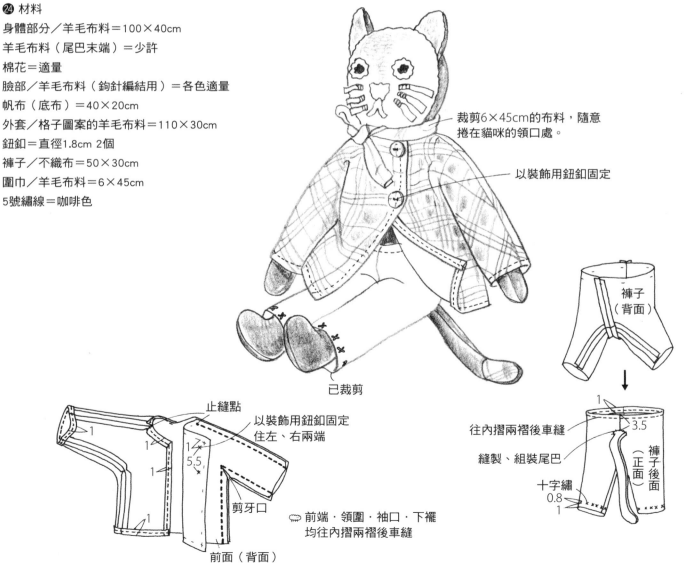

裁剪6×45cm的布料，隨意
捲在貓咪的領口處。

以裝飾用鈕釦固定

已裁剪

止縫點
以裝飾用鈕釦固定
住左、右兩端

1
1
1
1
5.5
1

剪牙口

前面（背面）

☞前端・領圍・袖口・下襬
均往內摺兩褶後車縫

褲子
（背面）

1
3.5

往內摺兩褶後車縫

縫製、組裝尾巴

十字繡
0.8
1

褲子後面
（正面）

25 26
國旗風情靠墊

·····➤ page 37

㉕ 材料
表布＝羊毛布料（含邊緣裝飾的裡布部分）75×65cm
羊毛布料（邊緣裝飾布）＝50×20cm
羊毛布料（貼布縫布）＝適量
尼龍拉鍊＝35cm 1條
25號繡線＝黑色
5號繡線＝黑色
枕芯＝30×40cm

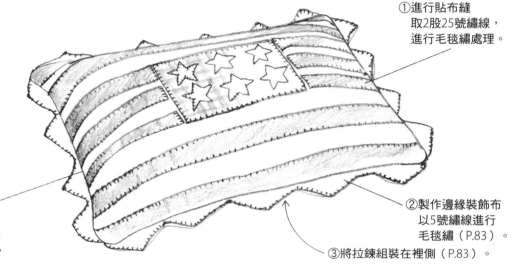

① 進行貼布縫
取2股25號繡線，
進行毛毯繡處理。

④ 夾入邊緣裝飾布料後，將
周邊車縫起來（貼布縫的
布端也要縫進去）（P.83）。
💬 同時，先將拉鍊拉開一部分，
當作返口。

② 製作邊緣裝飾布
以5號繡線進行
毛毯繡（P.83）。

③ 將拉鍊組裝在裡側（P.83）。

㉖ 材料
表布＝羊毛布料（含邊緣裝飾的裡布部分）70×50cm
羊毛布料（邊緣裝飾布）＝40×20cm
羊毛布料（貼布縫布）＝適量
尼龍拉鍊＝32cm 1條
25號繡線＝黑色
5號繡線＝黑色
枕芯＝25×35cm

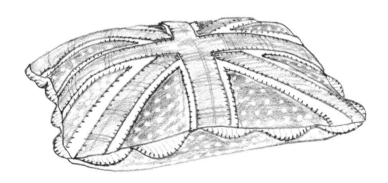

💬 作法順序均與㉕相同

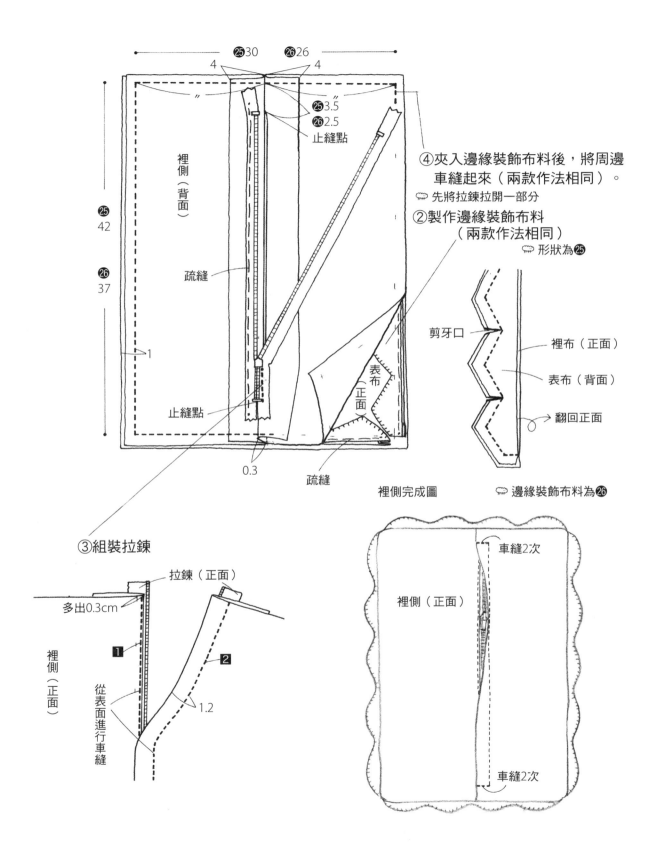

㉕30　㉖26

4　　4

㉕3.5
㉖2.5
止縫點

裡側（背面）

㉕42
㉖37

疏縫

1

止縫點

0.3

疏縫

表布（正面）

④夾入邊緣裝飾布料後，將周邊
　車縫起來（兩款作法相同）。
💬 先將拉鍊拉開一部分

②製作邊緣裝飾布料
　（兩款作法相同）
💬 形狀為㉕

剪牙口

裡布（正面）

表布（背面）

翻回正面

裡側完成圖

💬 邊緣裝飾布料為㉖

③組裝拉鍊

拉鍊（正面）

多出0.3cm

裡側（正面）

從表面進行車縫

1

2

1.2

裡側（正面）

車縫2次

車縫2次

27

羊毛暖暖蓋毯

┈┈> page **40**

材料
表布＝羊毛布料（中央的四方形布）45×45cm 1片、（周邊的的四方形布）30×30cm 8片、
（外側周邊布）15×120cm 2片、15×95cm 2片、（滾邊布）4×500cm（以25×100cm 的布料裁剪）、
（貼布縫布料）各色適量、（鉤針編結）各色適量
裡布＝薄質羊毛布料120×120cm
25號繡線＝各色適量
5號繡線＝各色適量

處理周邊部分

底布上的貼布縫部分，先疊上1片後，再進行毛毯繡。

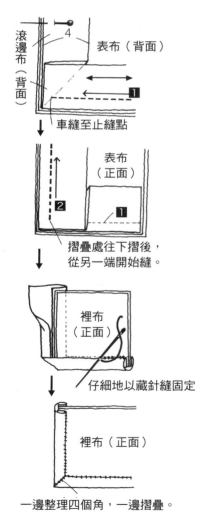

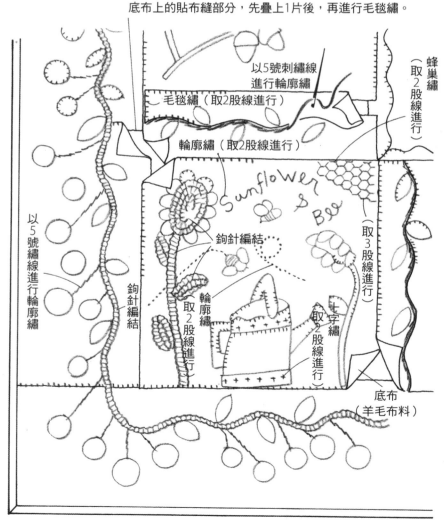

28
多口袋單肩背包

······⟩ page 42

材料

表布＝羊毛布料（前片・後片・側幅）45×65cm、
（口袋C）30×15cm　羊毛布料（拼縫布料、貼布
縫布料）＝各種適量　羊毛布料（裝飾垂片・補強
布・口袋C的側幅袋蓋）＝各種適量

裡布＝薄質羊毛布料（前片・後片・側幅・處理縫
份的滾邊布）45×110cm（口袋A・B・C・口袋A
布料）40×40cm　薄質羊毛布料（滾邊布）＝3種各
適量

厚布襯＝30×60cm　薄布襯＝15×60cm

厚棉襯＝2×10cm　金屬材質拉鍊＝24cm 1條

拉鍊＝17m 1條　棉質織帶＝4×85cm

魔鬼氈＝寬度1.5cm，長度1.2cm

口型環・日型環＝4cm 各1個

栓釦＝4cm 1個　拉鍊小飾品＝1個

細繩＝10cm　25號繡線＝焦糖咖啡色・咖啡色

①進行前片、口袋部分的拼縫及貼布縫。

②貼上布襯┌前片、後片、口袋的裡布……厚質
　　　　　└側幅的裡布……薄質

⑩製作&組裝側幅袋蓋

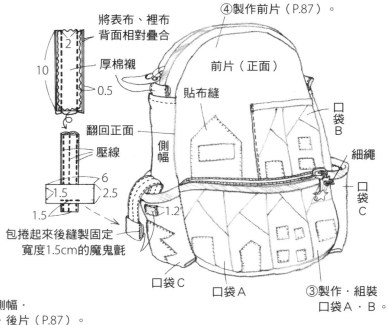

④製作前片（P.87）。

將表布、裡布背面相對疊合

厚棉襯

翻回正面

壓線

2 10 0.5 6 2.5 1.5 1.2

包捲起來後縫製固定
寬度1.5cm的魔鬼氈

前片（正面）

貼布縫

側幅

細繩

口袋B　口袋C

口袋C　口袋A

③製作・組裝口袋A・B。

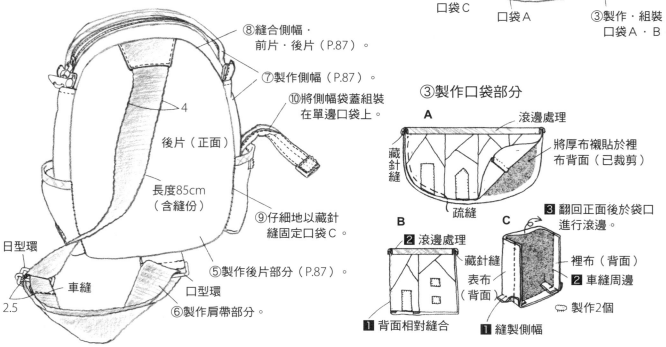

⑧縫合側幅・前片・後片（P.87）。

⑦製作側幅（P.87）。

⑩將側幅袋蓋組裝在單邊口袋上。

後片（正面）

4

長度85cm（含縫份）

日型環

車縫　2.5

口型環

⑨仔細地以藏針縫固定口袋C。

⑤製作後片部分（P.87）。

⑥製作肩帶部分。

③製作口袋部分

A　滾邊處理　將厚布襯貼於裡布背面（已裁剪）

藏針縫　疏縫

B　2 滾邊處理

1 背面相對縫合

C　藏針縫　表布（背面）

3 翻回正面後於袋口進行滾邊。

裡布（背面）

2 車縫周邊

製作2個

1 縫製側幅

86

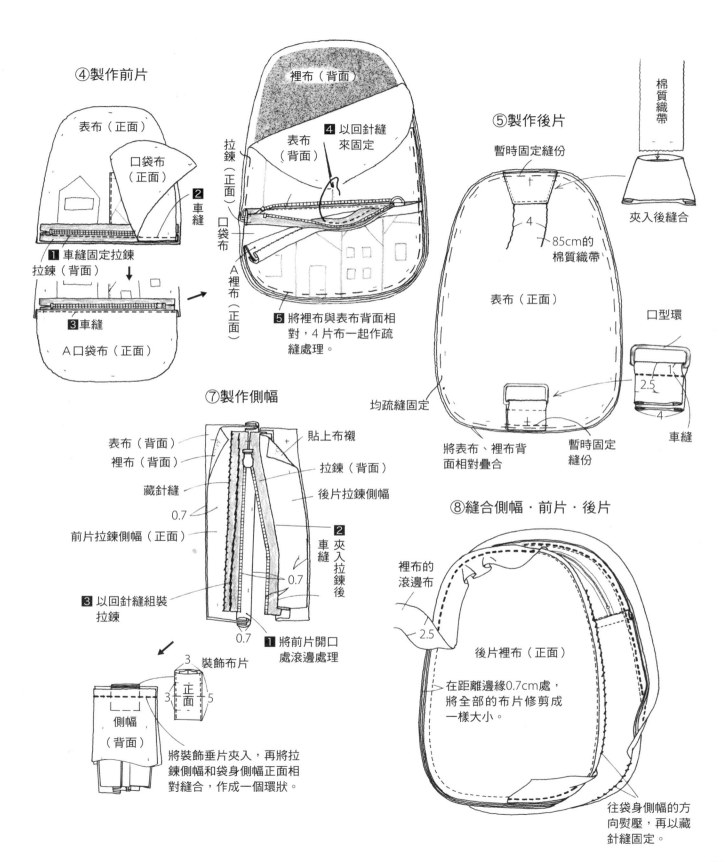

④製作前片

表布（正面）

口袋布
（正面）

2 車縫

1 車縫固定拉鍊

拉鍊（背面）

3 車縫

A口袋布（正面）

裡布（背面）

4 以回針縫來固定

表布（背面）

拉鍊（正面）

口袋布

A裡布（正面）

5 將裡布與表布背面相對，4片布一起作疏縫處理。

⑤製作後片

暫時固定縫份

4

7 85cm的棉質織帶

表布（正面）

均疏縫固定

將表布、裡布背面相對疊合

暫時固定縫份

棉質織帶

夾入後縫合

口型環

1

2.5

4

車縫

⑦製作側幅

表布（背面）

裡布（背面）

藏針縫

0.7

前片拉鍊側幅（正面）

3 以回針縫組裝拉鍊

貼上布襯

拉鍊（背面）

後片拉鍊側幅

2 夾入拉鍊後

車縫

0.7

0.7

1 將前片開口處滾邊處理

3 裝飾布片

3 正面 5

側幅（背面）

將裝飾垂片夾入，再將拉鍊側幅和袋身側幅正面相對縫合，作成一個環狀。

⑧縫合側幅・前片・後片

裡布的滾邊布

2.5

後片裡布（正面）

在距離邊緣0.7cm處，將全部的布片修剪成一樣大小。

往袋身側幅的方向熨壓，再以藏針縫固定。

22

小烏龜針插

⋯⋯⋑ page 33

㉓ 材料
表布＝羊毛布料（手・腳・頭・肚子）25×20cm、
（龜殼拼縫布料）各色適量
棉布（尾巴）＝1×6cm 3片
鈕釦（眼睛使用）＝直徑1.3cm 2個
棉花＝適量

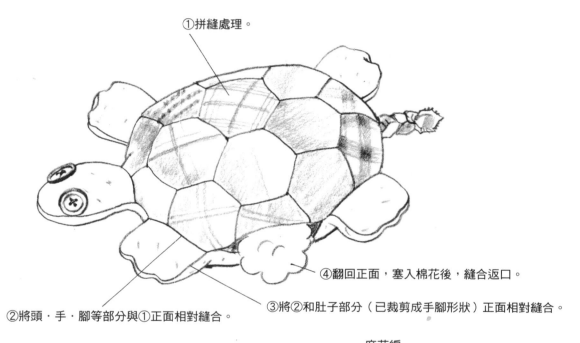

①拼縫處理。

②將頭・手・腳等部分與①正面相對縫合。

③將②和肚子部分（已裁剪成手腳形狀）正面相對縫合。

④翻回正面，塞入棉花後，縫合返口。

③縫法

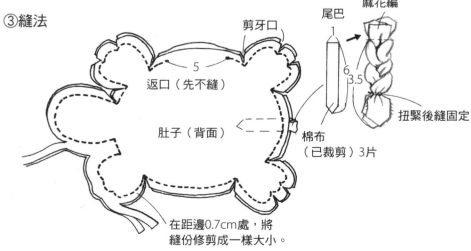

剪牙口

5

返口（先不縫）

肚子（背面）

棉布
（已裁剪）3片

在距邊0.7cm處，將
縫份修剪成一樣大小。

尾巴

麻花編

1

6

3.5

扭緊後縫固定

29 花生造型迷你小物袋

⸱⸱⸱⸱⸳ page 43

材料
表布＝羊毛布料50×35cm
裡布＝薄質羊毛布料50×35cm
羊毛布料（拼布縫布料）＝30×20cm
厚棉襯＝50×35cm
拉鍊＝19cm 1條
拉鍊頭小飾品＝1個
圓繩＝0.6×2 5cm
細繩＝10cm
雞眼釦＝內徑1cm 1個
5號繡線＝藍灰色
棉花＝適量

②製作拼縫的布片

將裡布疊在厚棉襯上，再與表布正面相對疊
合後車縫。
在距離針腳0.1cm處，修剪厚絨布襯邊緣。

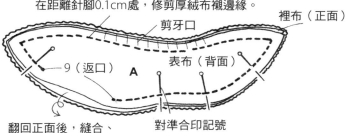

剪牙口
裡布（正面）
9（返口）　A
表布（背面）
對準合印記號

翻回正面後，縫合、
固定返口。

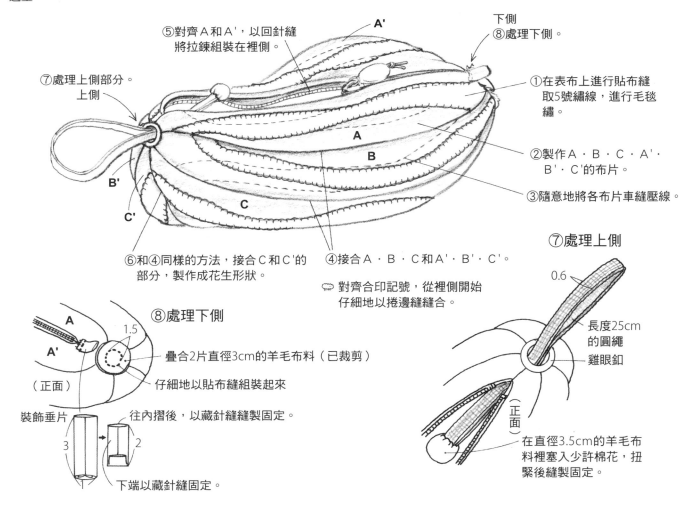

⑤對齊A和A'，以回針縫
　將拉鍊組裝在裡側。

A'

下側
⑧處理下側。

⑦處理上側部分。
上側

①在表布上進行貼布縫
　取5號繡線，進行毛毯
　繡。

A

B'

A

B

C'

C

②製作A・B・C・A'・
　B'・C'的布片。

③隨意地將各布片車縫壓線。

⑥和④同樣的方法，接合C和C'的
　部分，製作成花生形狀。

④接合A・B・C和A'・B'・C'。

💬 對齊合印記號，從裡側開始
　　仔細地以捲邊縫縫合。

⑦處理上側

0.6

長度25cm
的圓繩
雞眼釦

（正面）

在直徑3.5cm的羊毛布
料裡塞入少許棉花，扭
緊後縫製固定。

⑧處理下側

A
A'
（正面）

1.5

疊合2片直徑3cm的羊毛布料（已裁剪）

仔細地以貼布縫組裝起來

裝飾垂片
3

往內摺後，以藏針縫縫製固定。
2

下端以藏針縫固定。

㉚ 復古墊布

⋯⋯⟩ page 44

材料
表布＝羊毛布料（貼布縫底布）140×150cm、（緣布）40×160cm
裡布＝薄質羊毛布料（含穿口布）110×270cm
羊毛布料（貼布縫布料）＝各色適量
25號繡線＝白色・咖啡色各適量
5號繡線＝白色・咖啡色各適量

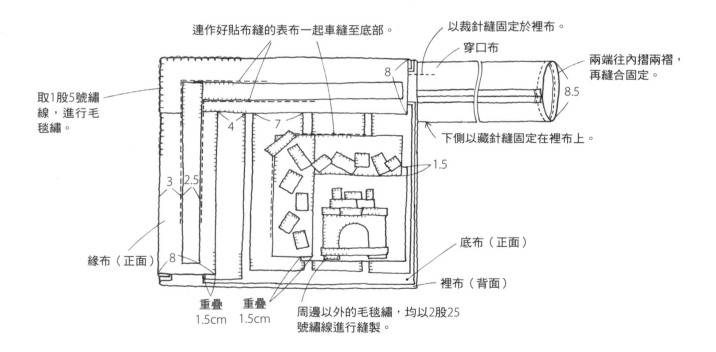

連作好貼布縫的表布一起車縫至底部。

以裁針縫固定於裡布。

穿口布

兩端往內摺兩褶，
再縫合固定。

取1股5號繡
線，進行毛
毯繡。

下側以藏針縫固定在裡布上。

8.5

8

4

7

1.5

底布（正面）

裡布（背面）

緣布（正面）

3 2.5

8

重疊
1.5cm

重疊
1.5cm

周邊以外的毛毯繡，均以2股25
號繡線進行縫製。

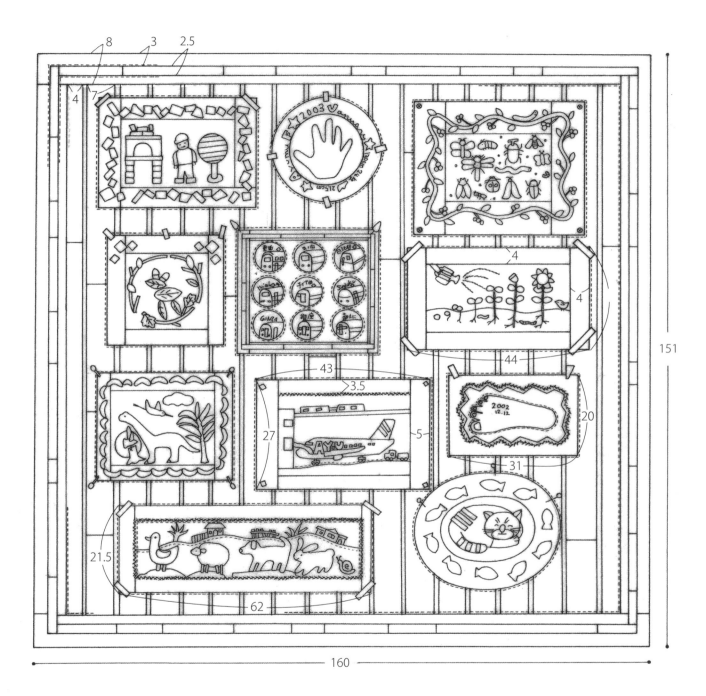

31

貼布縫餐巾

······▷ **page 46**

材料

表布＝羊毛布料35×25cm

裡布＝羊毛布料35×25cm

羊毛布料（緣布）＝10×60cm

薄質羊毛布料（滾邊布・斜紋布條）＝35×35cm

羊毛布料（貼布縫布料）＝各色適量

25號繡線＝焦糖咖啡色・綠色・苔綠色

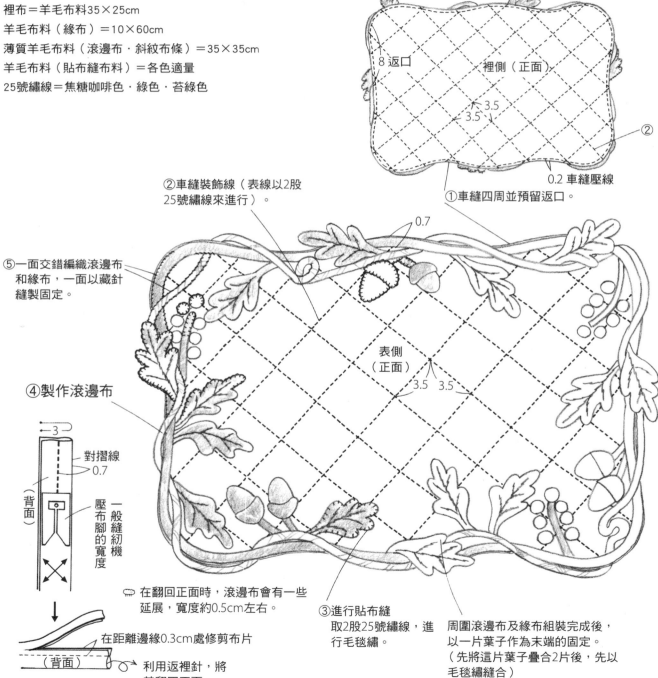

②車縫裝飾線（表線以2股 25號繡線來進行）。

⑤一面交錯編織滾邊布 和緣布，一面以藏針 縫製固定。

8 返口

裡側（正面）

3.5

3.5

②

0.2 車縫壓線

①車縫四周並預留返口。

0.7

④製作滾邊布

3

對摺線

0.7

（背面）

壓布腳 的寬度

一般縫紉機 的寬度

表側 （正面）

3.5　3.5

🐛 在翻回正面時，滾邊布會有一些 延展，寬度約0.5cm左右。

在距離邊緣0.3cm處修剪布片

（背面）

利用返裡針，將 其翻回正面。

③進行貼布縫 取2股25號繡線，進 行毛毯繡。

周圍滾邊布及緣布組裝完成後， 以一片葉子作為末端的固定。 （先將這片葉子疊合2片後，先以 毛毯繡縫合）

32 33
羊毛泰迪熊

·····> page 47

材料
表布＝羊毛布料（頭・臉・身體・手・腳）60×60cm、
（手掌・腳掌）少許
鈕釦（作為眼睛）＝直徑1.3cm 2個
棉花、填充圓珠顆粒＝適量
25號繡線＝黑色
5號繡線＝黑色

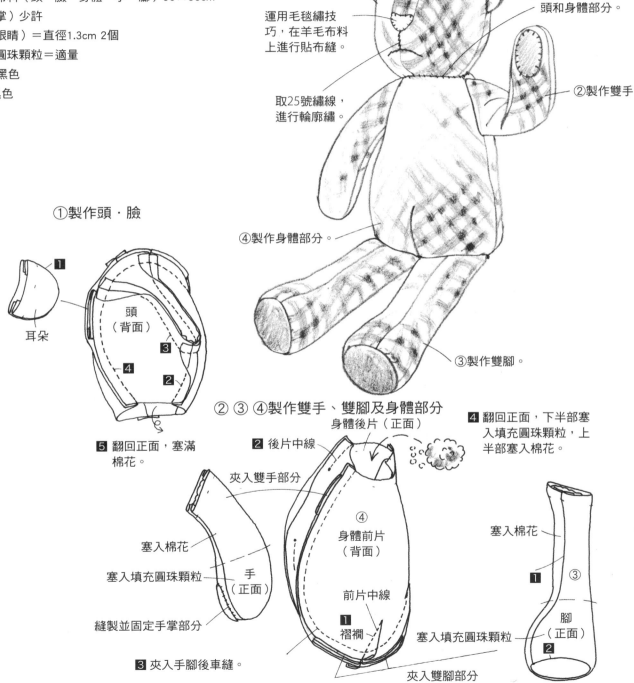

①製作頭・臉。

鈕釦

⑤仔細縫合＆固定
頭和身體部分。

運用毛毯繡技
巧，在羊毛布料
上進行貼布縫。

取25號繡線，
進行輪廓繡。

②製作雙手。

④製作身體部分。

③製作雙腳。

①製作頭・臉

耳朵

頭
（背面）

1

3

4

2

5 翻回正面，塞滿
棉花。

② ③ ④製作雙手、雙腳及身體部分

身體後片（正面）

2 後片中線

夾入雙手部分

塞入棉花

塞入填充圓珠顆粒

手
（正面）

縫製並固定手掌部分

④
身體前片
（背面）

前片中線

1 褶襉

塞入填充圓珠顆粒

夾入雙腳部分

3 夾入手腳後車縫。

4 翻回正面，下半部塞
入填充圓珠顆粒，上
半部塞入棉花。

塞入棉花

1

③

腳
（正面）

2

34

手工貼布縫裝飾掛毯

·····➔ page 48

材料

表布＝羊毛布料、木棉布料（拼縫布料）各色適量

裡布（含穿口布）＝120×160cm

細條燈芯絨（滾邊布‧斜紋布條）＝4×500cm（以80×80cm布料裁剪）

布襯＝120×140cm

鈕釦（裝飾用）＝直徑1.3～1.5cm 6種各1個

25號繡線＝黑色‧咖啡色‧橘色‧灰色‧米色‧藍色‧綠色

5號繡線＝黑色‧灰色

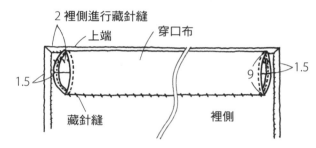

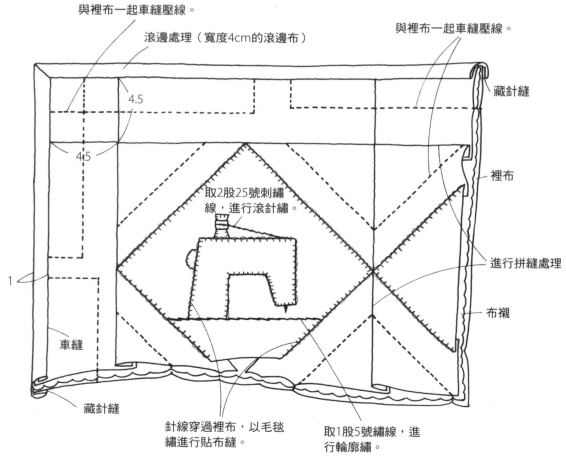

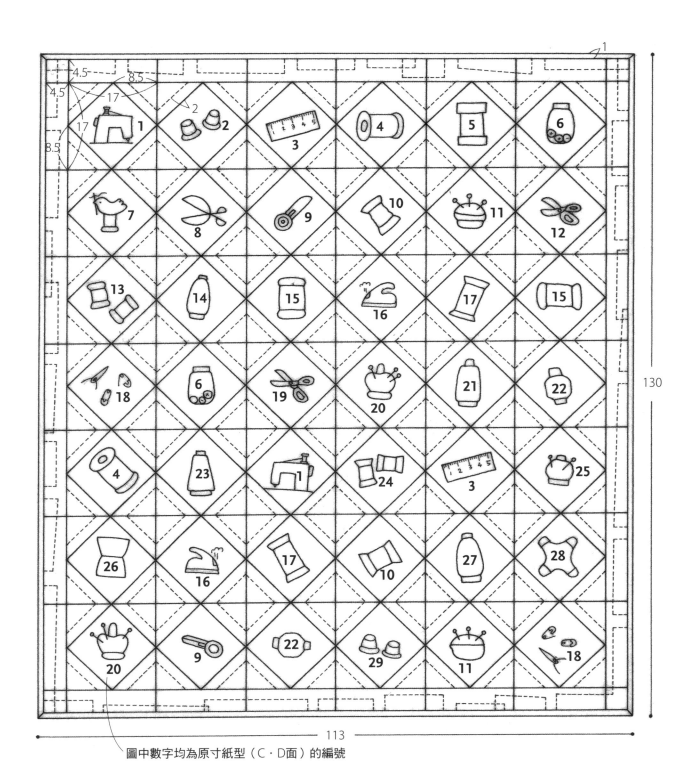

圖中數字均為原寸紙型（C・D面）的編號

拼布美學 PATCHWORK 06

斉藤謠子の羊毛織品拼布課

34款拼布人一定要學的手提包·小物袋·掛毯&羊毛織物拼布技巧

作　　　者／斉藤謠子
譯　　　者／黃立萍
發　行　人／詹慶和
總　編　輯／蔡麗玲
執行編輯／黃薇之
編　　　輯／林昱彤·蔡毓玲·劉蕙寧·詹凱雲
執行美編／王婷婷
美術編輯／陳麗娜
內頁排版／造極
出　版　者／雅書堂文化
發　行　者／雅書堂文化事業有限公司
郵政劃撥帳號／18225950
戶　　　名／雅書堂文化事業有限公司
地　　　址／新北市板橋區板新路206號3樓
電　　　話／（02）8952-4078
傳　　　真／（02）8952-4084
網　　　址／www.elegantbooks.com.tw
電子郵件／elegant.books@msa.hinet.net
2011年12月初版一刷　定價 450 元

總經銷／朝日文化事業有限公司
進退貨地址／新北市中和區橋安街15巷1號7樓
電話／（02）2249-7714　　傳真／（02）2249-8715

星馬地區總代理：諾文文化事業私人有限公司
新加坡／Novum Organum Publishing House (Pte) Ltd.
20 Old Toh Tuck Road, Singapore 597655.
TEL： 65-6462-6141　　FAX：65-6469-4043
馬來西亞／Novum Organum Publishing House (M) Sdn. Bhd.
No. 8, Jalan 7/118B, Desa Tun Razak, 56000 Kuala Lumpur, Malaysia
TEL：603-9179-6333　　FAX：603-9179-6060

國家圖書館出版品預行編目資料

斉藤謠子の羊毛織品拼布課／斉藤謠子著；黃立萍譯. -- 初版. --
新北市：雅書堂文化, 2011.12
　　面；　公分. -- (Patchwork·拼布美學；6)
ISBN 978-986-302-027-1(平裝)

1.拼布藝術　2.手工藝

426.7　　　　　　　　　　　　　　　　　100016600

斉藤謠子（Saito Yoko）

現於 NHK 文化中心等機構擔任講師，以配色獨特、充滿創意的作品見長，其作品散見於雜誌、電視節目等，在各方面都相當活躍。現為「Quilt Party」（裁縫學校兼購物商場）負責人，亦身兼 NHK 文化中心講師、日本 Vogue 學園講師、Needlework 日本展會員等職務。
著作為數眾多，包含《開心玩羊毛鉤針編結》、《斉藤謠子拼布教室 3》（文化出版局）、《斉藤謠子的小巧裁縫作品》（日本 Vogue）、《斉藤謠子的幸福拼布》（NHK 出版）等。

裝訂·版面設計／若山嘉代子　若山美樹　L'espoce
攝影／渡辺淑克
數位描繪／しかのるーむ
作品製作協力／船本里美　松元和子　山田數子　楠本米子　橫田弘美
編輯／平井典枝（文化出版局）
發行者／大沼　淳